吳寶春的麵包祕笈

27年功夫

34道麵包食譜大公開

吳寶春 著
楊惠君
黃曉玫 文字整理

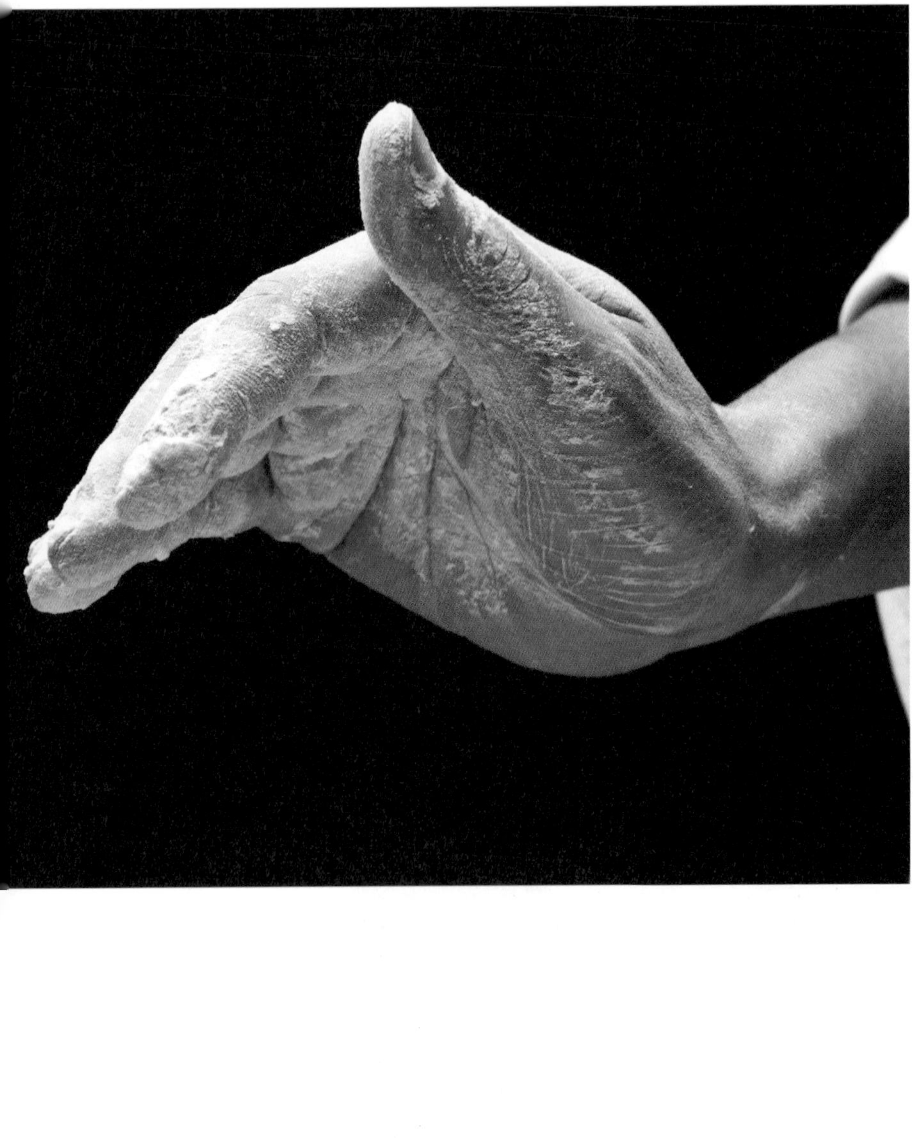

自序

一直尋找的答案

做出好吃麵包的祕訣是什麼？常常有人這樣問我。其實，這也是我一直在尋找的答案。

兩度參加世界麵包大賽是我的尋道之路，抵達終點後我終於明白，答案並不在冠軍獎盃裡，而是藏在沿途每一次的跌跌撞撞和柳暗花明裡，握住獎盃時，我更真切感受到過往失敗的可貴。

曾經，我夜夜在打烊後的工廠裡反覆壓麵、裹油，手中的可頌卻總是憔悴、枯萎，屢戰屢挫、屢挫屢試，才知道原來根本用錯了麵粉。曾經，我用敷衍冷漠的態度應付貝果，誤以為它索然無味，才發現其實是我沒有認真賦予它生命。

麵包，是一種沒有框架的藝術，既得要有一絲不苟、按部就班的科學精神，又不能缺乏靈動的想像力和創造力。小小的麵團在股掌間揉出千變萬化，讓它迸發誘人的魔力。做麵包的基礎說起來很簡單，就是麵粉、食材、溫度、時間以及揉麵的控制。但實際製作起來的工序並不簡單，除了依照食譜或前輩們提供的數值及科學方法，還要反覆不斷地試驗和練習，直到做出自己滿意的口味和口感為止。訓練靠手，領悟在腦、決勝關鍵則是心。過程相當辛苦，只要些微的差別，麵包成品的風味可能就差之千里，但這也是做麵包最令人迷戀到無法自拔的地方，一下是實驗師，一下變成魔法師、一回頭可能嚐到連自己都嫌惡的東西，下一回合又搖身一變成了發明家。建議讀者在做麵包時一定要把過程和相關數據記錄下來反覆推敲，因為實在是太有趣了！但是切記，嚐到麥香味的感動前，必先通過挫折失敗種種關卡，希望透過本書的分享能讓愛麵包的你少一點摸索的過程。

一塊麵包，像是一座森林、一座海洋，每一回探索做出好味麵包的過程，都像是一次尋寶歷險，終於尋獲藏寶時，心中充盈著喜悅和滿足，那份悸動豐沛巨大到想與人分享。這本書的誕生要感謝很多人，書裡記錄的都是過去與現在出現在我店裡的產品，不但是受到消費者青睞的麵包，我自己也很喜歡，某些麵包並非由我一個人從頭到尾研發而成，麥香中包裹著許多前輩和同事的智慧。包括我的啟蒙老師張金福、柳金水、施坤河及陳銘信師傅；平友治師傅、加藤一秀師傅、松本哲也師傅、野上智寬師傅、伊原靖友師傅、福王寺明師傅、陳撫洸師傅、周王孫杰以及店裡的前主廚張泰謙師傅，我由衷感謝您們。要感謝的人太多，在此就不一一列出，所有曾經幫助過我、與我一起激盪創意和技術的所有人，真心謝謝您們。

我還要特別感謝台北、高雄店的公司團隊及兩位主廚：謝忠祐師傅和施政喬師傅，他們把許多年輕人的想法揉進麵包裡，創造出更多創新的口味，實在協助本書不少。也感謝協助食譜製作的經紀團隊：劉映虹、曾文怡、吳珮筠，攝影王永泰，文字整理楊惠君、黃曉玫，以及遠流出版公司出版四部所有同仁。

與其說這是一本做出好麵包的成功祕笈，它更像是一本悟道書。這是我二十七年來的功夫總驗收與心得感想，我把它獻給喜歡吃麵包、做麵包的師傅們和讀者們，只要你愛麵包，這本書都適合你。

目錄

法國麵包

歐式麵包

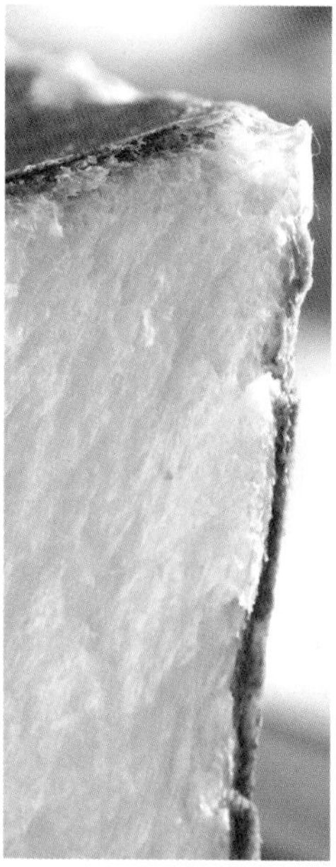

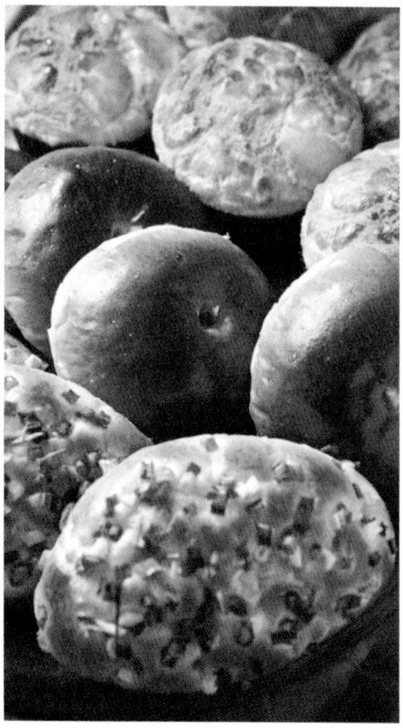

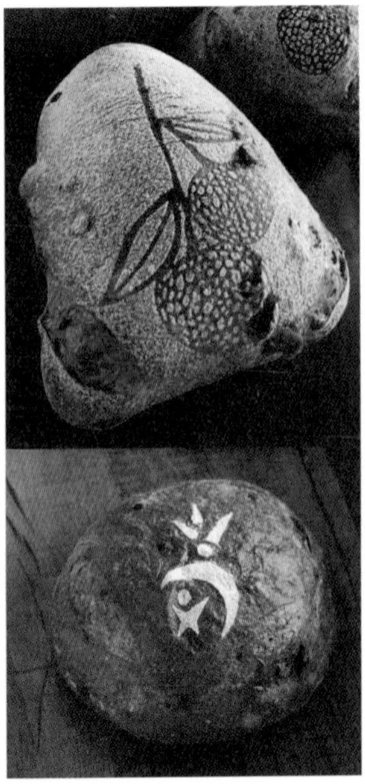

工具篇

工欲善其事，必先利其器

烘焙的基本功要從「精準」的基礎上展開，在重量、溫度、時間三面魔術方塊中翻轉，直到每一面都能完全命中、絲毫不差；再由造型、裝飾、變化中著手，盡情發揮無邊無際的創意。

本書介紹的各款麵包食譜和配方，是基本功方向；要讓麵包功力朝更專業的手法精進，還需要選擇適合的「武器」，也就是做麵包的各項器具和配備。在我個人的烘焙生涯中，也曾遇過因為設備、環境未達標準，使做出來的麵包品質無法穩定的情況。因此我的看法是：專業的麵包一定要同時具備專業技術和專業設備，才能完整表現。

你若是麵包的初學者，意在享受自己動手做麵包的樂趣，許多做麵包的條件就不見得要完全比照專業基準來建置，但對自家的環境條件和家用烤箱等設備，就必須更費心思去掌控和換算。比如書中的烤焙溫度是以專業大型烤箱為基準，換成家庭烤箱的話，就得反覆試過幾遍，才能掌控溫度和時間上的差異。這部分沒辦法有一個較明確的公式換算，因為每個環境條件都不盡相同。但這也是自己動手做麵包最大的趣味和成就。

法國歐式麵包大師里歐奈・普瓦蘭（Lionel Poilâne）曾說，做麵包並非僅靠「食譜配方」，而是要將食譜加以「解讀」和「重審」，所憑的是直覺、判斷力以及經驗主義，亦即長期觀察累積的智慧。

以下是書中介紹的麵包所使用到的基本配備和工具，提供大家參考。

小型工具與模型說明

橡皮刮刀

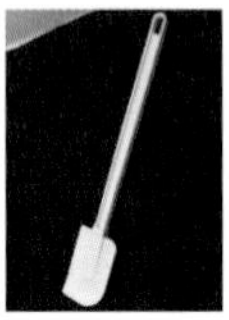

橡皮刮刀適用於拌勻餡料或刮淨剩餘餡料。

刀片

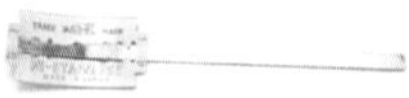

使用於麵包造型上，宜選用長柄刀片。劃麵包時，刀片要與麵團呈 45 度，只能劃開麵團表皮，不能劃入麵心，以免烤焙時蒸氣侵入麵心，影響蓬鬆度。

長擀麵棍

用於麵包整形時，讓麵團平整，不同材質的擀麵棍，差異不大。

擠奶油三角袋

用於各種餡料填入麵包裡。

帆布

麵團發酵時置放在帆布上，可阻隔冰冷烤盤、不影響發酵的溫度，也能讓麵團向上發酵、不會外擴，充分發酵，確保麵包的口感。

按秤

用於分割麵團時的秤重。因分割麵團需快速完成，才不會影響發酵時間；電子秤過於敏感，麵團稍晃動即會影響秤重，無法快速進行。

電子秤

多用於材料秤重。

鐵製分割刀

鐵製分割刀適用於分割麵團。

大型器具

螺旋式攪拌機

攪拌機的型號影響成品風味不大，反而是攪拌時間會影響麵團的筋度與成形，需要經過不斷嘗試才可以學到經驗值。

直立式攪拌機

適用於較軟或材料豐富的麵團，比如台式甜麵包麵團。

烤箱

家用烤箱需要買有上火、下火功能的烤箱；若要做歐式麵包，則還需要有蒸氣功能。

木製發酵箱

發酵的室內溫度依照麵包種類的不同而有差別，本書有詳細標示發酵狀態的最佳溫度。

白吐司模型

可視喜好的口感選擇不同的模型，加蓋的模型，做出的吐司口感較扎實、Q彈；未加蓋的模型，做出的吐司口感較鬆軟。（此圖為三能 SN2082）

白吐司模型

可視喜好的口感選擇不同的模型，加蓋的模型，做出的吐司口感較扎實、Q彈；未加蓋的模型，做出的吐司口感較鬆軟。（此圖為三能 SN2004）

布丁模型（鋼製）

用於外形塑型之用，可依自己喜好選擇不同造型之模型。

圓形紙杯

用於外形塑型之用，可依自己喜好選擇不同造型之模型。

桂圓灑粉模型

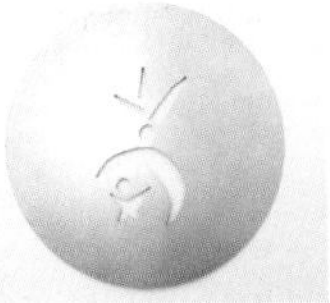

為美化麵包及標示品牌之用，可自行設計或訂做屬於自己風格的模型。

荔枝灑粉模型

為美化麵包及標示品牌之用，可自行設計或訂做屬於自己風格的模型。

剪刀

剪麵團之用，多用於為麵包做造型時。

小刀（鋼製）

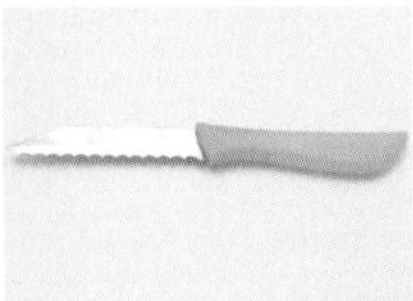

用於劃開麵團之用，將麵團撐開。

麵包鋸子刀

用於分割麵包，分割時須以鋸木方式輕輕切開，勿以切菜方向使力下壓，以免影響麵包口感。

小篩網

多用麵包裝飾，如灑糖粉、麵粉、可可粉時使用。

烤盤

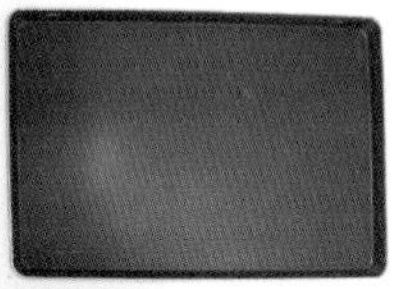

用於置放麵包，可選用經過不沾處理的烤盤。

牛刀

切割可頌類麵團的專用刀。

溫度計

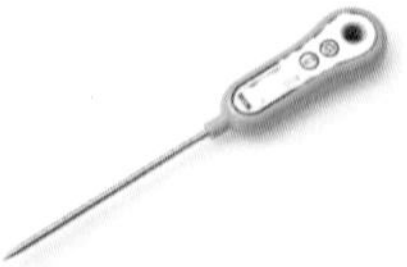

測量麵團最重要的工具，可清楚麵團的變化。

溫濕度計

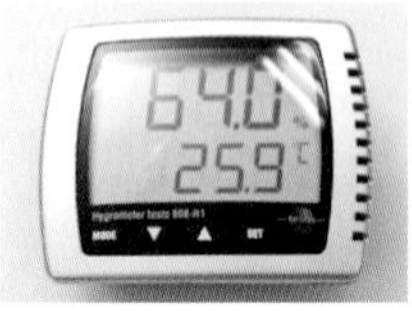

測量室內的溫濕度，確保麵團在最好的狀態，主要測量室內的溫度。

計時器

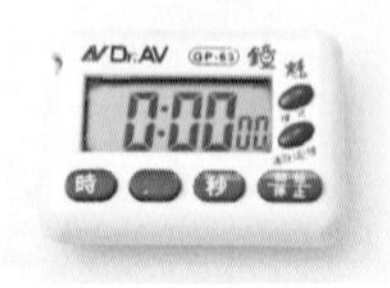

掌控麵團發酵的工具。

酒精

做為清潔用品及容器之用，確實揮發再進行操作。

養菌桶

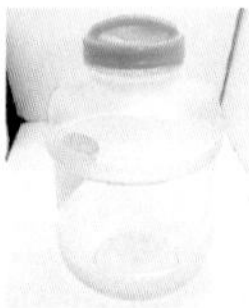

培養葡萄菌水需要的容器。

白鐵養菌桶

用於盛裝培養好的菌種之用，專用於星野酵母生種。

包餡匙

包各式餡料所使用的器具。

均質機

用於將食材打成泥狀之用。功能與調理機或調理棒相同。

料理機

用於將食材打成泥狀之用。功能與調理機或調理棒相同。

耐烤烤盤紙

為防止沾黏之用。適用於較軟性或需上油的麵團。放入烤盤烤焙前，先鋪在烤盤上，再置放麵團。

擦手紙

培養葡萄菌水需要的清潔用品之一。

材料篇

「做麵包，不能沒有它」

麵粉

小麥磨成的麵粉是麵包的主原料，為什麼小麥最適合用在麵包製作呢？主要是因為小麥含有其他穀物所沒有的一種獨特蛋白質：醇溶蛋白和麥穀蛋白。這兩種蛋白不溶於水，相反的還能吸收水分，再加上揉搓拍打等力量，就會產生麵筋，這個筋性在發酵的過程中，會釋放二氧化碳封鎖在麵團中，而使麵團膨脹起來，是製作麵包不能缺少的元素。無論哪一種穀物都沒有這個成分，因此小麥磨成的麵粉是製作麵包不可少的。

而小麥中的蛋白質依照含量，由高至低分別為：高筋麵粉、中筋麵粉、低筋麵粉，高筋麵粉中的蛋白質含量最高，藉由揉合生筋產出彈性，最適合做蓬鬆軟綿的麵包和吐司。而法國麵包充滿咬勁，因此是用蛋白質含量低、彈性較低的法國麵包專用麵粉來做，屬於中高筋麵粉，像鳥越鐵塔法印法國麵粉就是做法國麵包的專用麵粉。低筋麵粉麥質彈性較低，筋性不佳，不適合單獨用於製作麵包，若與高筋麵粉混合使用，就能做出柔軟的麵包，一般都用來做蛋糕。（以蛋白質含量來說：12% 以上的稱為高筋麵粉、法國麵包專用麵粉約 11%、低筋麵粉約 8%。）篩掉小麥外殼、胚芽，留下胚乳部分的純白粉末，就是白麵粉。成分大都是澱粉質和蛋白質，含有微量的灰分。棕麵粉即半全麥麵粉，篩掉全麥的外殼，顏色偏淡棕色。還有全麥麵粉，是以整顆完整的麥粒碾磨成的粉類，外殼部分含有大量的食物纖維，具有幫助消化和整腸的作用，稱為「全麥麵包／吐司」，也就是加有部分全麥麵粉製成的麵包／吐司。

除了用蛋白質含量來分類外，另一種則是用小麥中的灰分比例來區分，灰分是指鈣、磷、鐵、鎂等礦物質成分，灰分比例由少至多依次為：特級麵粉、一級麵粉、二級麵粉、末級麵粉。含量愈高愈不適合做麵包。

本書所使用的麵粉有：鳥越鐵塔法印法國麵粉、昭和霓虹吐司專用粉、鳥越純芯高筋麵粉、鳥越紅蝶麵粉、鳥越中華麵粉、黑爾哥蘭麵粉、昭和先鋒特高筋麵粉、水手牌特級強力粉、黃駱駝高筋麵粉等。沒有優劣的比較特性，只有製作不同種類麵包風味的適切性。以下挑出幾種麵粉的特色加以說明。

鳥越鐵塔法印法國麵粉（又稱鳥越鐵塔麵粉）

這是日本最古老的法國麵包專用粉，能製作出具備甘甜豐富的香氣、濕潤、化口感好的麵包，操作的寬容度大，即使量化也能保持品質，是一款非常適合東方人食用的法國麵包專用粉，也可以用於製作比薩。

關於這款古老的法國麵粉的開發，還有一段幕後花絮：一九五九年（昭和三十四年）鳥越製粉廠的員工到法國出差，在下榻的飯店，每天早餐都吃到無敵好吃的法國麵包，他心想，如果能把這股味道帶回日本開發的話，絕對會掀起日本麵包界的大革命。當時日本麵包以軟式為主，歐式麵包由於比較堅硬，接受度普遍不高。於是這位鳥越職員透過法國國立製粉製麵包學校的教授雷蒙卡魯貝爾，在他專業的指導下，將法國小麥空運回日本，徹底分析它的特性。經過月餘製粉試作品完成後，再飛回法國請雷蒙卡魯貝爾教授測試確認，終於在隔年一九六〇年誕生。

成分：加拿大一級春麥、九州小麥、美麥
粗蛋白：11.9%
灰分：0.44%

黃駱駝高筋麵粉

適合做台式甜麵包的就是這款麵粉，組織柔軟、烘焙彈性佳。

蛋白質：12.6~13.9%
濕筋度：35~38.5%

昭和先鋒特高筋麵粉（又稱先鋒特高筋麵粉）

蛋白質含量高，麵筋的延展性佳，麵團的烤焙彈性好、體積較大，可展現較好的風味。

蛋白質：14%
灰分：0.42%

黑爾哥蘭麵粉

裸麥用中粗研磨製成，與其他製粉混合有顆粒感且香氣十足。

成分：黑麥
粗蛋白：8%
灰分：1.4%

水手牌特級強力粉

由於吸水量高，麵團操作性柔軟，內部組織細緻柔白，可讓製作的吐司麵團體積飽滿，烘焙彈性佳，也會讓麵包組織硬度老化的速度慢，一般專用於吐司製作。

蛋白質：12~13%
灰分：0.38~0.40%
水分：14% 以下
濕筋度：34.5~36.5%

寶春師傅叮嚀

小麥麵粉需要低溫、低濕度、通風良好的場所來保存，至少要在26℃、濕度60% 以下，不要直接接觸地面放置，對於有強烈風味的製品請勿與小麥麵粉放在一起。小麥麵粉屬於活的新鮮製品，會受到時間變化影響品質風味，有時也會因為囤積擠壓而產生變硬結塊的現象，因此在進貨管理上要十分注意進貨的順序擺放。另外，老鼠是所有穀物類的天敵，要特別注意環境的整潔。

鳥越純芯高筋麵粉（又稱鳥越純芯麵粉）

使用小麥最內層的芯白部分的一級粉製造，是最白的吐司麵包專用粉代表，吸水量達 80% 以上，可製作出組織細緻、具備彈牙口感、色澤純白柔軟的麵包製品。

成分：加拿大一級春麥、美麥
蛋白質：11.9%
灰分：0.37%

鳥越紅蝶麵粉

冷凍麵團專用粉，高水高糖麵包適用，除了冷凍耐性強外，烤爐的延展性強、體積膨脹性佳，適合製作甜麵包的麵團。

成分：加拿大一級春麥、美麥
粗蛋白：13.7%
灰分：0.43%

昭和霓虹吐司專用粉（又稱霓虹吐司粉）

蛋白質的性質穩定，做出來的成品組織細緻、顏色良好、化口性佳，適用於吐司和甜麵包。

蛋白質：11.9%
灰分：0.38%

鳥越中華麵粉

適合生中華麵、生冷中華麵條、煮湯的中華乾麵、炒麵等。鮮明色調、適宜的沾黏性與有彈力口感的中華麵專用粉。

粗蛋白：11.5%
灰分：0.36%

酵母

酵母是麵包發酵的過程中，讓麵包膨脹的原因，它能分解材料中含的糖分，產生二氧化碳和轉換成酒精，影響麵包風味產生香氣，攪拌中麵團整合成團、後續發酵，都是因為酵母旺盛力的運作。而根據酵母的採取來源或培養地的不同，就會有不同風味，比如有葡萄乾種、啤酒花種、老麵種等等。

值得一提的是酵母本身都是天然的，為了能烘焙出品質穩定的麵包，乾燥酵母是從酵種中選出穩定性高的優秀酵母，培養後製作出粉末，成為市面上在販售的乾燥酵母粉。新鮮酵母不需要像乾燥酵母一般事先用溫水使其恢復活性，而是將新鮮細胞直接揉和到麵團中，所以揉開後可直接使用。而即溶乾燥酵母放入 40℃的水來還原成柔軟膏狀，就可恢復活性，開封後的即溶乾燥酵母，請密封後冷藏保存，並儘早使用完畢。酵母超過 45℃時活力就會下降，40℃就是上限了，相反溫度低於 4℃時酵母就會進入冬眠狀態，所以在麵包製作過程和酵母保存上要特別注意。

鹽

除了讓味道變好之外，有緊實麵團的筋度、增加彈性的重要作用，沒有加鹽的麵團會黏稠稠的，但要適量使用，鹽太多反而會抑制發酵。比例上來說，麵粉 100% 的話，鹽大約就是 1% ～ 2%。

水

為了促進酵母活動，水是必備材料，不過水量、水溫和硬度，也會影響麵團的溫度，揉和後的麵團溫度會直接影響到發酵過程的好壞。夏季室溫較高，就必須用溫度較低的水，相反的在冬季就必須使用溫水，不過由於酵母超過 45℃以上時就會死亡，所以要隨時注意溫度的調節。

糖

有促進發酵的作用，此外因為砂糖有保水性，所以能保持麵團的濕氣，預防烤好的麵包變乾燥，也是讓麵包蓬鬆柔軟的大功臣之一。

本書也使用台南的手工黑糖，它是採用有機農法種植的甘蔗，以龍眼木和荔枝木為柴火，歷經 7 小時手工熬煮，風味厚實、入口帶有淡淡的木頭香，適用於做甜品、飲品和麵包、糕點。

蛋

主要是使用全蛋液，蛋黃中有卵磷脂可以防止麵團老化，不過麵粉中不要加入超過 30% 以上的雞蛋，這樣反而會降低彈性影響塑形。

乳製品

功能是增添麵包的風味，還有讓麵包烤出漂亮金黃色澤的功用，其中乳糖和脂肪的成分，會讓麵包產生柔軟、微甜的口感和香氣。牛奶可以取代水來製作麵包，不過比例上要使用比原來的水的分量多 10%。另外優格、脱脂奶粉、鮮奶油都屬於乳製品，其中鮮奶油容易變質，在保存上要特別的注意。

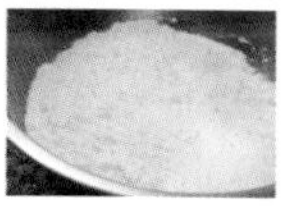

奶油

在麵團中加入奶油，主要是提高麵團的延展性，延展性較好的麵團在烤爐中會充分膨脹，烤出來的麵包自然蓬鬆柔軟。不過不可以一開始攪拌就加入奶油，會妨礙筋性形成，影響質量。奶油有分無鹽及有鹽兩種，製作麵包時通常都選用無鹽奶油。

還有一種麵包專用粉末油脂 DX：粉末狀的細緻油脂可以均勻散布在麵團中，因此有助於製作出柔軟與化口性良好的麵包。使用方式為按照正常添加奶油量的比例添加即可。

麥芽精

好的麥芽精是由 100%的大麥芽、玉米及水製作而成，未有其他添加物。可提供酵母的養分，促進發酵，增添風味及色澤。

其他常用材料

其實，製作麵包只要有麵粉、酵母、鹽、水這四項材料即可，適度地添加糖、乳製品、奶油，可以做出更多不同風味的成品。

除了上述的材料外，也可以適度地加入酒類，如白酒、紅酒、荔枝酒、櫻桃白蘭地等；或是果乾，如葡萄乾、荔枝乾、桂圓乾、半乾香蕉丁、芒果乾、半乾番茄、玫瑰花瓣等；或是加味的起司丁、亞麻子、黑豆、紅豆餡、明太子、藍莓、義大利綜合香草、培根、德國香腸、核桃等。

加味的材料也不可馬虎，比如本書提到的紅豆餡，就用屏東萬丹的紅豆來製作，粒粒飽滿的紅豆，散發濃郁香味，很適合做和菓子、麵包和甜點的材料。培根則使用以優質基因之三品系大麥豬，精選五花肉部位，帶有淡淡煙燻芳香的台灣信功培根；德國香腸則是嚴選豬前腿肉和豬背脂，細切乳化後，再用人工腸衣充填，經乾燥、煙燻、蒸煮，即成了帶有歐洲風味的香腸。

無論是專業的麵包師傅，或是因興趣而想自我學習的一般人，都必須充分了解這些食材的特性。這一切，無非都是希望讓麵包的風味更上一層樓。以下各圖，都是做麵包常用到的材料。

無鹽奶油

杏仁

芥末子醬

蜂蜜丁

紅豆餡

胚芽粉

橘皮丁

紅豆粒

可可豆

起司

培根

蔓越莓乾

黑糖

蜂蜜

德國香腸

紅酒

白酒

玫瑰花瓣

前言

一個麵包的誕生

麵包的基本製作方式大致相同，但影響麵包成品的因素就比較複雜，包括溫度、時間、麵團黏度等。剛開始做麵包時，可以多練習幾次，熟悉之後，就可以找到屬於自己的獨特配方，進而規劃自己的設計圖，選擇適合不同種類麵包的最佳製作方法。

本書所採用的麵包製作方法為「直接法」和「中種法」，麵團揉和完成溫度為攝氏二十三度到二十六度之間，以下分別說明。

直接法

所有的材料一次揉和做成麵團的方法。這種方法步驟少、麵包製作的全程時間較短，可以發揮出很高的麵粉風味，適合副材料比較少、口味單純的麵包，缺點是麵團老化的速度會比較快，外層口感容易變硬。

做法

1 攪拌麵團

將所有的材料放進攪拌機中，這個步驟可以促進酵母活動、強化麵團中的麵筋組織，讓它充分延展筋性，麵團揉和完成的溫度掌握相當重要，會直接影響到接下來的發酵過程。

一般計算水溫的公式如下：

(1)攪拌計算公式：（麵團希望溫度－攪拌麵團時上升溫度）×3－（室溫＋粉溫）＝攪拌水溫（適用於中種法與直接法）

(2)攪拌法國麵包麵團計算公式：烘焙參數63～68－（室溫＋粉溫）＝攪拌水溫（本算式提供專業麵包師傅參考）

上升溫度的方式，舉直立式攪拌機為例，可得出以下結果：慢速攪拌三分鐘，上升一度；中速攪拌二分鐘，上升一度；快速攪拌一分鐘，上升一度。

這些計算公式會隨著每個人所在環境、室溫、水溫、設備的不同，而有些微的差異。自行製作時，可反覆多試幾次，這便是做麵包最有趣的地方。

2 第一次發酵（基本發酵）

發酵是麵包製作中最重要的一環，酵母在生存過程中所引起的現象，排出的二氧化碳使麵團膨脹，一直到放進烤箱烘烤，直到溫度上升至攝氏四十五度，酵母即停止發酵。掌握發酵時間的判斷，在於麵團揉和溫度愈低，發酵時間就愈長；溫度愈高，發酵時間就愈短。因為溫度愈高時酵母的活動性就愈高，所以發酵時間可以縮短。

如何確認發酵狀態是否完整呢？不妨用手沾適量的高筋麵粉，再把手指戳進麵團裡，手指拔出後，麵團上留有戳洞就表示發酵完成；反之，若麵團恢復原來的模樣，就表示發酵不足，就還需要再靜置一段時間。

3 翻面排氣

基本發酵完成後，把麵團從發酵箱中倒出來，讓空氣均勻地分布在麵團的毛細孔，藉著翻面拍打折疊來刺激麵筋組織。這個舉動可使麵包內的結構更為細緻，斷面的氣孔更漂亮，還能增強酵母活性、加快發酵過程，也使麵團膨脹成體積更為蓬鬆的麵包。所以，這個動作對於接下來進烤爐烘烤後的口感，有大大加分的效果。

翻面的技巧，是先將麵團由左向右折三分之二後（圖①），再將剩下的三分之一由右到左疊上去（圖②），接著從下往上折三分之二，再將剩下的三分之一往下折疊在麵團上，最後將整個麵團翻面（圖③）。切記，千萬不可以用搓揉的方式，這會破壞麵筋組織，二次發酵就無法膨脹起來了。

4 第二次發酵（基本發酵）

確認是否發酵完成，除了用手指戳麵團外，還有幾個方法，比如目測麵團表面有明顯的沾黏感且有濕氣，就是發酵還未完成。若表面乾燥且帶有酒精味道，就表示發酵過度了。若是發酵不足，就再靜置片刻；若發酵過度無法修正，或許可以考慮把麵團擀薄，改做披薩皮，上面可以添加番茄醬等其他食材來蓋過酸味，一樣好吃。

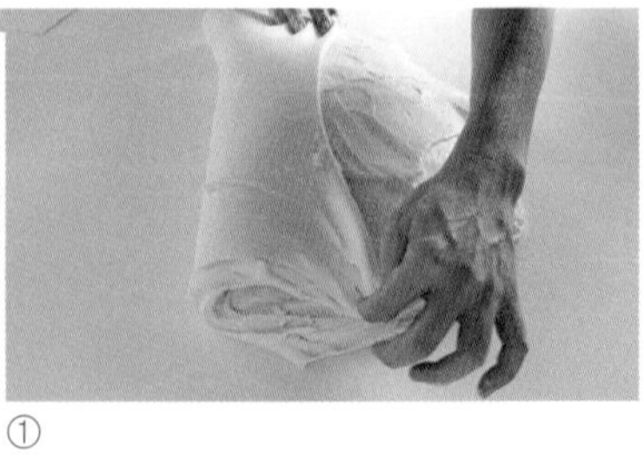
①

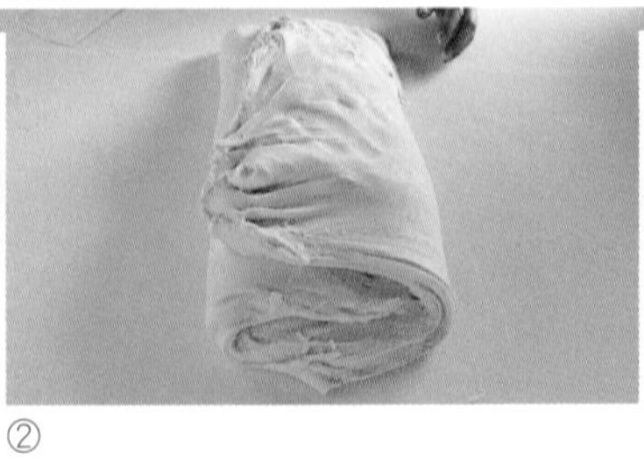
②

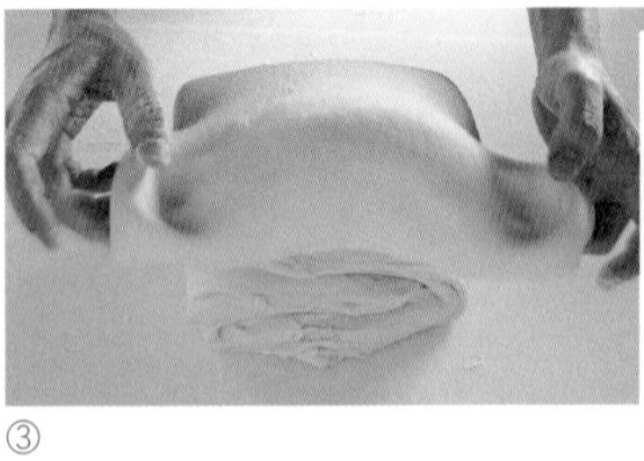
③

5 **分割滾圓**

依照需要的重量大小進行分割，然後進行滾圓。滾圓的動作需要輕柔進行，把底部麵團確實接合，滾圓有著讓麵團緊實和刺激麵筋組織的雙重意義，也讓最後烘烤完成的麵包，表面是緊實光滑的完美賣相。

6 **中間發酵**

分割滾圓後需要先靜置，靜置的目的是讓處理過的麵團恢復成最安定的狀態，同時也再次進行發酵。因為滾圓後的麵團如果要立刻整形，會因為彈力過強而造成麵筋斷裂，影響最後發酵。這個階段是以靜置為主要目的，所以只要溫度控制得宜，也可以在工作台上進行，不一定要進發酵箱。

7 **整形**

這是最後美觀麵包外形的步驟，包餡料和需要劃分割紋也在此時進行。劃分割紋的另一層意義，是讓麵團在烤箱中更容易膨脹，既美觀又有更完整的張力讓麵包更挺立。要特別注意的是，法國麵包的麵團柔軟，劃切時要有力，一刀成形不能猶豫，才會漂亮。

整形完成的麵團要放在帆布上，一方面避免麵團互相沾黏，一方面是最後發酵時，麵團有可能會膨脹而向兩邊坍塌，放在帆布上有定形的功用。

8 **最後發酵**

一切就緒，依照每款麵包的發酵溫度，進行最後發酵，若是在家沒有可調溫濕度的專業發酵箱，可自行調整發酵時間。

9 **進烤爐**

進烤爐前，先確認每種麵包的發酵程度，及是否達到烤箱預熱溫度，依不同麵包所要求的溫度，進烤爐按時間烘烤，有些麵包烤前需噴蒸氣，比如：法國長棍麵包，推進已預熱至攝氏兩百度的烤爐前，要先開蒸氣五秒，除了防止麵團一進烤爐就乾燥外，蒸氣會附在麵團上，此時加熱烘烤，表層的外皮會糊化，再經過烘烤後凝固，就會形成具有光澤的表層外皮。而這表層外皮也是麵包香氣的來源，因為表層在烤爐中直接受熱，產生焦糖化反應和梅納反應，使外皮呈現褐色的烘烤色澤和散發出香氣。

一般上火的溫度會高於下火，避免底部烤焦，烤至八成左右就要翻轉方向、交換位置，以防止外側麵包過焦。

中種法

將材料分成兩階段揉和，並放置一段時間發酵做成麵團的方法。麵包製作的全程時間較長，而長時間發酵和兩次攪拌使筋性的延展性變好，不僅增加了麵團的吸水量，使麵包更為柔軟，也更為蓬鬆。此外麵團老化速度較慢，保存天數也較長，適合用來做副材料較多、味道豐富的麵包。

做法

1 攪拌中種

使用在中種麵團的麵粉，是全部用量的百分之五十以上，電動攪拌機慢速四分鐘、再快速一分鐘，到水分完全吸收即可，這個階段不放果乾進去。中種麵團的攪拌是揉和粉類、酵母和水，由於沒有放入鹽分，麵筋的強度並不強，會使小麥蛋白水分吸收良好，形成延展性良好的麵筋組織，讓麵團熟成又安定，這就是水合效應。

2 中種發酵

中種麵團從攪拌機中取出後，這個階段以兩個冠軍麵包來說：荔枝玫瑰麵包和酒釀桂圓麵包，麵團揉和完成的溫度要維持在攝氏二十四度，進行發酵的時間都需要十二到十五小時。中種發酵的目的，主要是讓麵團中的水合效應充分完成，使麵團筋性更好、體積更蓬鬆。

3 攪拌麵團

將其餘的粉類、奶油、果物和其他材料全部倒入攪拌機，將發酵後的中種麵團撕成一塊塊進去一起攪拌，按照指示調整攪拌速度。

4 延續發酵

中種麵團由於配方簡單，安定熟成，對酵母是個舒適的伸展空間，也有助於接下來的各種製作程序。換言之，雖然中種法要經過兩階段比較繁複、耗時的麵團攪拌工作，但因此根基打得好，製作麵包的失敗率相對較低。

接下來5～9的程序與注意事項，與上述「直接法」的5～9的做法相同，這裡就不再重述。

每款麵包所需步驟不一，有些不需最後發酵，請以食譜所示製程為主。

回想起還是學徒的我，那時覺得麵包師傅是個工人，每天都要做苦力活，搬很重的食材和器具；經過多年的磨練，現在的我認為，麵包師傅每天做出這些有溫度的成品，是獨特而無價的，因為每一樣產品，就像是一件藝術創作，絕對無法用價錢去衡量。就算是我的弟子跟我習得了技術，他們做出來的風格跟我也不會百分之百的相像，這就是麵包世界迷人之處，有無限味蕾的可能。

當年做酒釀桂圓麵包的麵團時，我一開始決定要用桂圓當主食材，先思考搭配的酒是什麼酒，一般傳統思考會是用米酒來做，但是考慮到米酒的酒精濃度太高，不僅麵團組織會被破壞，味道也不好；又想到這個麵包要讓外國人來品嚐，靈機一動，決定用紅酒來試試看。

我先做中種麵團，以老麵來做，再加入紅酒，最後做主麵團時加入桂圓乾，第一次做出來時，覺得味道不錯，於是再來微調鹽巴和水的含量，這裡多一點、那裡少一點，慢慢地調整整個配方，直到做出最滿意的味道為止，這個過程可能要花上幾十次甚至上百次，才能找到心中最理想的風味。

做任何麵包都一樣，先把主食材定調後，再挑選副食材的比例，先決定你是要軟的、硬的、Q的，還是綿的風味，決定了基本的味道後，再來調整副食材的多寡與種類。所以，我才說，麵包師傅既是藝術家也是味蕾的魔法師。

透過這本書，我想從最基礎的知識與觀念來告訴大家，而不是教做麵包的新花樣、新口味，因為我始終認為，最原始、最純粹的風味最好。前陣子我專程到義大利，花了十天就只學一款麵包——正統義大利水果麵包。我的原則就是，出去學一、兩款學到最精，而不是學了一大堆種類，結果只懂得一招半式而已。

如果大家都能從這本書裡，體會到做麵包的樂趣，以及細細咀嚼每一款麵包最原始的口感，那就是我最開心的貢獻。

法國麵包

如果問我：「做麵包最大的收穫是什麼？」我會說：「麵包賜給了我，第二個人生。」音樂、品酒、戲曲……這些藝術的饗宴和生活的品酪，對住在屏東內埔庄腳、出身寒微的我，完全是另一個平行的世界，遙不可及到我連在夢裡都不曾痴心妄想過。那是我不曾見識過的陌生人，無從談論喜惡。

因為做麵包，打開了我的視野，才有機會剖開最深層的自己。原來，我的心底窩藏著喜歡藝術的另一個自己；原來，生活中有那麼純粹的喜悅。

就像法國人說的那句：「C'est la vie!」這就是人生哪，該是去嘗試多種滋味、探索各種可能，學習更隨遇而安。而這種態度，正是法國麵包的內涵。

法國麵包是一款極簡約也極繁複的麵包，長長的一直線沒有矯揉的造型，白白的沒有濃郁的味道，卻是最難駕馭的麵包，一雙手做出無數人氣麵包的野上智寬師傅，受訪時都公開表示，最難做的還是法國麵包。

吃到好吃到令人失控尖叫的法國麵包

從事麵包師傅工作的前幾年，因為台灣麵包店的產品，我總以為塗了大蒜、奶油的麵包，就是法國麵包。直到一九九八年，去日本大阪參加烘焙食品展才發現，原來我做了大半輩子麵包，都不曾見識到法國麵包本色。

當時，有個麵粉廠商用他們製作的鳥越鐵塔麵粉，現場烤焙法國麵包，供參觀民眾試吃。我經過時，心裡還不以為意，想著：「法國麵包嘛，這玩意兒我也會做。」這念頭還沒落底，耳邊隨即傳來兩個高中女生以青春專有的高八度驚歎語直呼：「歐伊係～」一邊還伴隨著「咔滋！咔滋！」的酥脆聲響。

我狐疑了：「真的有那麼好吃到讓人想尖叫嗎？」自己也回頭去，在攤位上拿起一塊試吃，但心裡還是不服氣地想：「我倒要看看，吃了會不會尖叫？」

沒想到，一口咬下，這回「咔滋！」聲在我的口中迴盪，讓我差點就像個失控的小女生，想要驚呼出聲。雖然克制住想尖叫的欲望，但腦海裡就像出現卡通《小當家》的經典畫面般竄出了閃著金光的一條龍，怎麼會是這般意外的口感？不但皮酥內軟，還愈嚼愈香，麵團吞肚後，口中像是喝了上等好茶一般，還有回甘的滋味。

太讓我驚訝了。這次味覺和觀念的衝擊太大，讓我對法國麵包完全改觀，「我也要做出讓人腦裡竄出一條龍的法國麵包。」成了我追求的新目標。

不過回台灣之後，我仍陷於黑暗中摸索，當時台灣的資料、資源都不多，甚至連法國麵包專用的麵粉都還沒有進口，只能自己翻看日文書，想照本宣科，卻怎麼都沒辦法做出大阪烘焙食品展中那個讓我驚豔的口感和香氣。光是搓揉整形出六十公分長棍的手勢與方法，就足足練了三年。

直到二〇〇八年參加世界大賽的前夕，接受了野上智寬師傅的指導；幾乎同一時間，台灣也開始進口國外的專用麵粉，技術和材料都有了突破，我才被點燃了明燈，不再以瞎子摸象的方式沒有頭緒地亂闖。

原來，搓揉法國麵包麵團時，要像打太極拳一樣，雙手微弓，隨著麵團而律動，因為法國麵包要外酥內軟，麵團裡得保留三分之一的空氣，才能讓它自然呈現最完美的氣孔。過去我一直把雙掌攤平僵硬地搓，結果不但麵團的空氣被拍掉，連香味和氣孔也被一起拍掉了。

但是法國麵包的麵團很軟，弓著手掌搓，很難把麵團均勻地搓長。一開始我使不上力，內心充滿困惑，直到後來，又碰到第二個貴人——加藤一秀老師，透過翻譯後，我終於逐漸掌握到訣竅。

我還記得，二〇〇八年世界大賽前，野上師傅的台灣籍太太問他：「（吳寶春）師傅行不行啊？」野上師傅也沒有太大的把握，畢竟對手是來自世界各地的高手，許多國家做麵包的歷史與經驗，比起當時的台灣是成熟豐富許多。那回我們奪下世界第二，野上師傅對我說，當他聽到台灣隊拿到亞軍時，興奮地「起雞皮疙瘩」。

二〇一〇年，我個人挑戰世界麵包大師賽前，野上師傅再來看我做法國麵包，嚇了一大跳，他沒有料到，短短兩、三年的時間，我的技術居然能夠大為躍升。能獲得野上師傅的肯定，對我的鼓勵，實不亞於那座金盃。

直至此時，我終於能做出像當初在大阪嚐到的那種讓人一口就悸動的法國麵包，我才真正認識了法國麵包的內涵，我也才真正相信：原來我也可以。

開創「第二人生」

法國麵包和我們吃的白米飯一樣，看似素樸，和不同食材，就會碰撞出不同的火花，可以合奏出最華麗磅礴的交響樂，讓它永遠都能被嚐出不同的味道，怎麼吃都不會厭倦。

就像白飯加上肉燥，變成滷肉飯；磨成米漿，可以做成碗糕；包上葉片就變成米粽，給它什麼食材、就會呈現不同的風味。法國麵包塗上奶油，就有奶油風味；夾片起司、火腿，就有起司、火腿的風味；再配上紅酒、聽著不同的音樂，生活情境和心境就會跟著流轉。

這一切的體會，除了遇到良師的指點、自己的苦練之外，還有其他朋友領著我品嘗人生，才開闊了我味覺上、視野上和心態上的品味能力，對麵包才有了更立體的認知。

像是我的好朋友阿洸，教我聽古典音樂、吃美食、品紅酒，讓我體驗了不同的生活，打開了對自我的界限和認知：「原來這些東西是我喜歡的！」「原來這些東西可以幫助我創作！」「原來這些東西讓我的生活更精彩、更豐富。」

現在的我，就像是擁有「第二個人生」，熱切又興奮地努力汲取各領域的知識，每天都有新的發現和喜樂，像到日本學釀酒，還找了名師學拉二胡。初學二胡的我，雖然還在「咿咿歐歐」的階段，卻獲得讚許：「身體和樂器融合得相當好。」

因為我的雙手握著樂器的同時，也喚醒了那雙做法國麵包手的韻律，彈樂器和做麵包一樣，雙手不是征服它們，而是要和它們一塊兒舞動。拉二胡拉得不好，聲音就會尖銳刺耳；法國麵包沒有掌握好技法，麵團也會枯燥乏味，兩者十分相像，都是看起來單純但技巧很艱澀的東西。

我生性有股喜歡挑戰的因子，從不要求立竿見影的學習，而是希望能細細體會、慢慢琢磨出才能淬鍊出的技巧，就像法國長棍麵包，外形耿直、內在柔軟，可塑性無窮。

我期許做一個永遠讓自己和別人無法預期的人，不管哪個階段、哪個角色、哪個身分，都能扮演得很好，更永遠深深以當一個麵包師傅為榮！

法國麵包麵團

環境

室內溫度 26-28℃

材料

烏越鐵塔麵粉	1000公克	100%
麥芽精	3公克	0.3%
水	700公克	70%
低糖即溶酵母	4公克	0.4%
鹽	20公克	2%

製程

- 攪拌(攪拌完的麵團溫度為23℃)。
- 第一次基本發酵120分鐘。
- 翻面。
- 第二次基本發酵60分鐘。

做法

1. 攪拌

將烏越鐵塔麵粉、麥芽精、水，倒入攪拌機。

慢速攪拌約2分鐘，直到完全看不到粉狀麵粉時停止。

加入低糖即溶酵母靜置30分鐘，讓麵團自我水解。

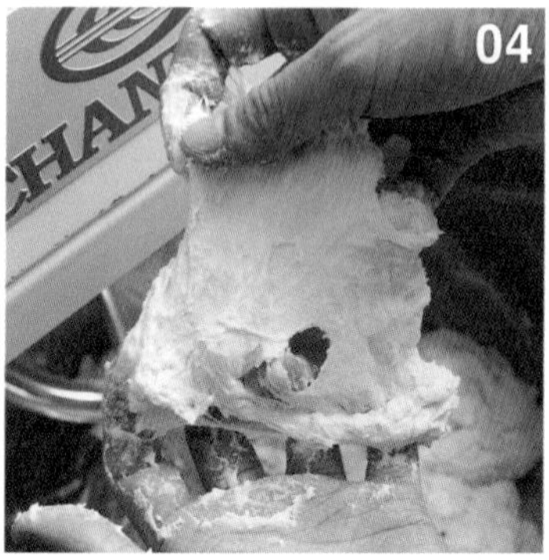

前一個步驟會讓麵團產生出麵筋，減少攪拌時間，增加麵包風味。

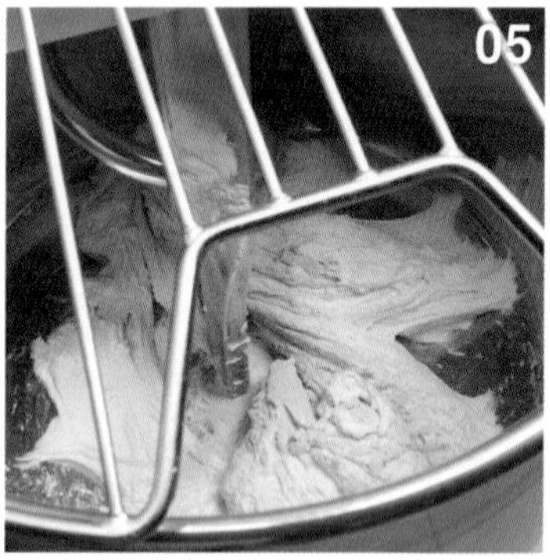

第二次攪拌，慢速攪拌2分鐘。

加入鹽，攪拌3分鐘，再快速攪拌10秒。

做 法

2. 發酵

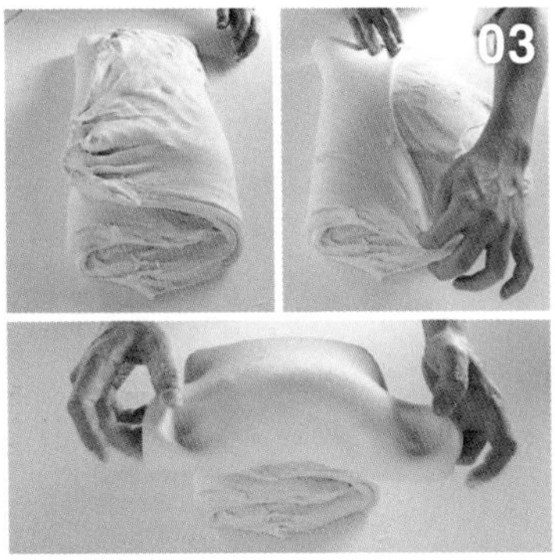

翻面（技巧見 P22），先左右對折再上下對折，讓麵團中的酵母再一次醒發。

第二次基本發酵：將翻面的麵團靜置 60 分鐘。

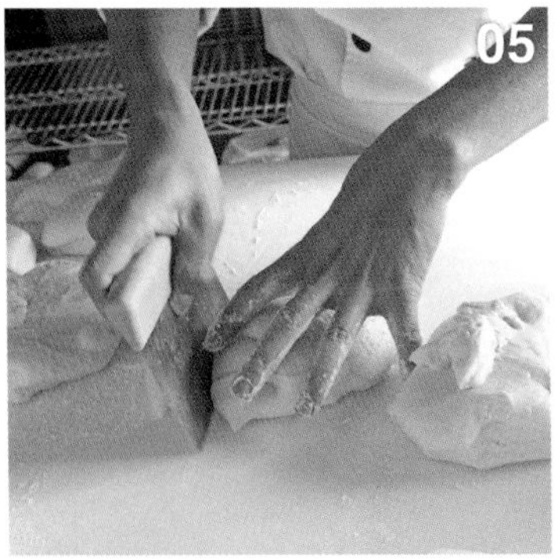

第二次基本發酵完成後，再依將要製作的麵包尺寸，進行分割。

第一次基本發酵：麵團溫度 23℃，靜置 120 分鐘，麵團逐漸膨脹。

將麵團倒扣於工作桌上，用手輕壓麵團，讓空氣可均勻分布在麵團的毛細孔。

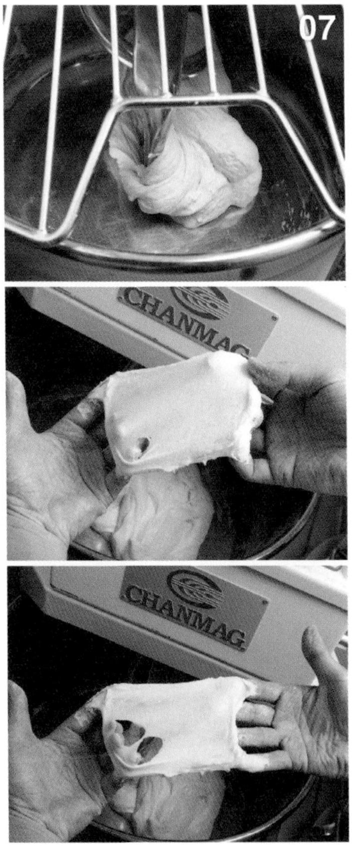

看麵團在手掌中的延展度，能模糊透視就是可以了，此時麵團呈現些微的撕裂感。

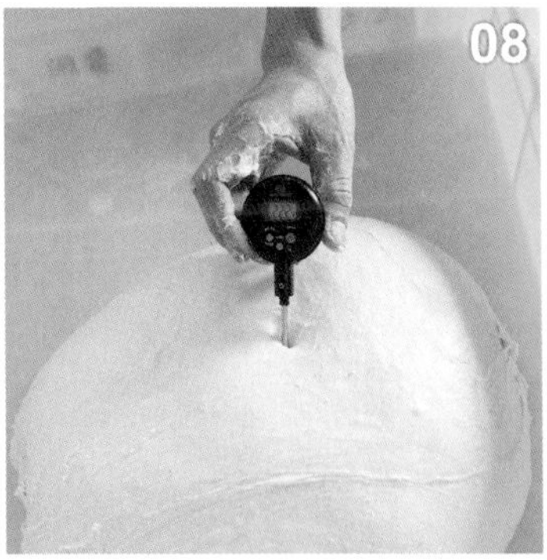

麵團成形後，確認溫度為 23℃。

法國長棍麵包

環境

室內溫度 26-28℃

材料

法國麵包麵團 ………………… 350 公克
（做法見 P30）

製程

- 分割。
- 中間發酵 25 分鐘。
- 整形。
- 最後發酵 60 分鐘。
- 烤焙。

做法
1. 分割

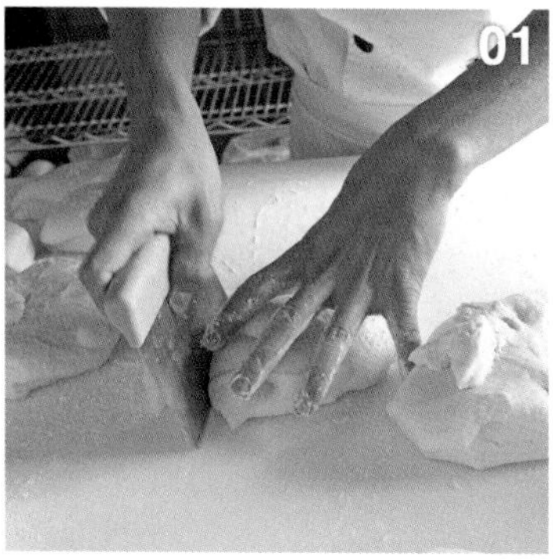

分割麵團，每塊為 350 公克。分割時盡量保持完整大塊狀，太多細碎塊狀會破壞麵團組織。

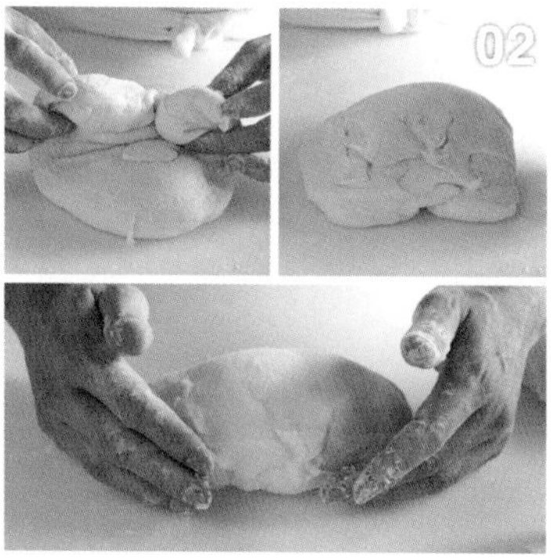

將分割後的麵團輕槌、搓揉成長橢圓形。

將麵團靜置於發酵箱中，進行中間發酵 25 分鐘後，麵團表面呈光滑狀。

做法
2. 整形

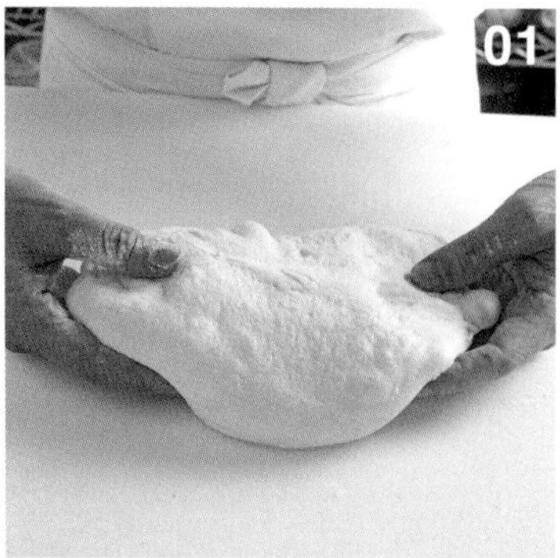

將發酵後的麵團完整捧出，麵團正面朝下。

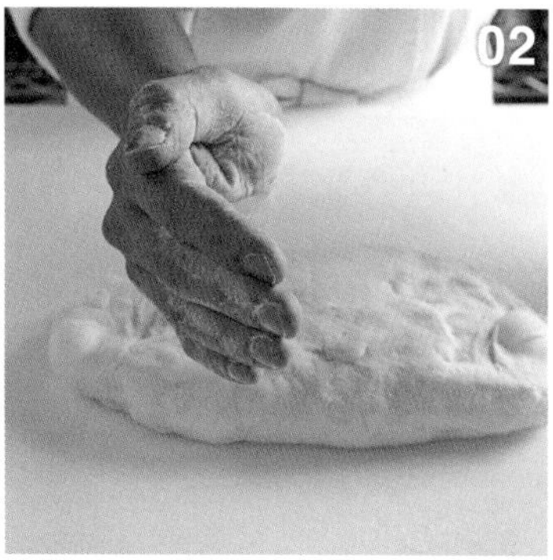

手勢微弓輕拍麵團。

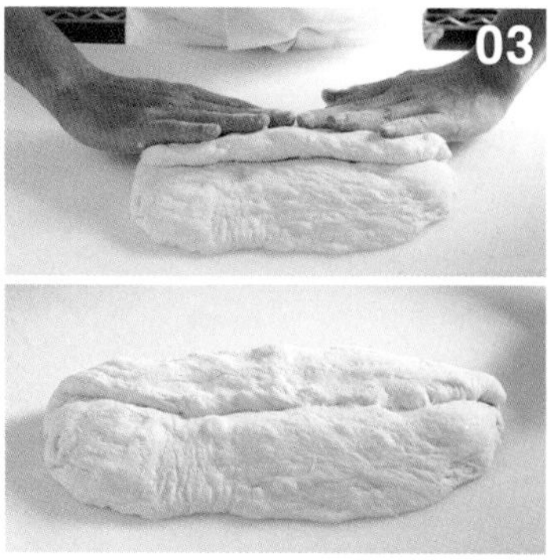

手伸直平放，將 1/3 的麵團由下往上對折。

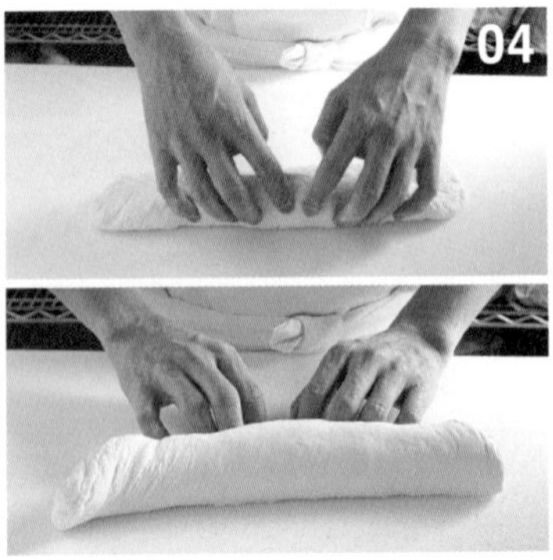

用大姆指將 1/3 麵團由上往下對折，在中間壓出凹陷。

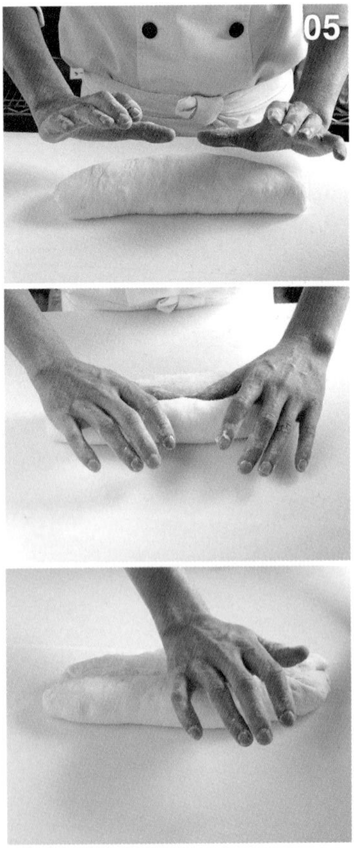

以手掌將中間封口壓緊。

手微弓以虎口輕拍麵團，拍打出氣泡，麵團再對折。

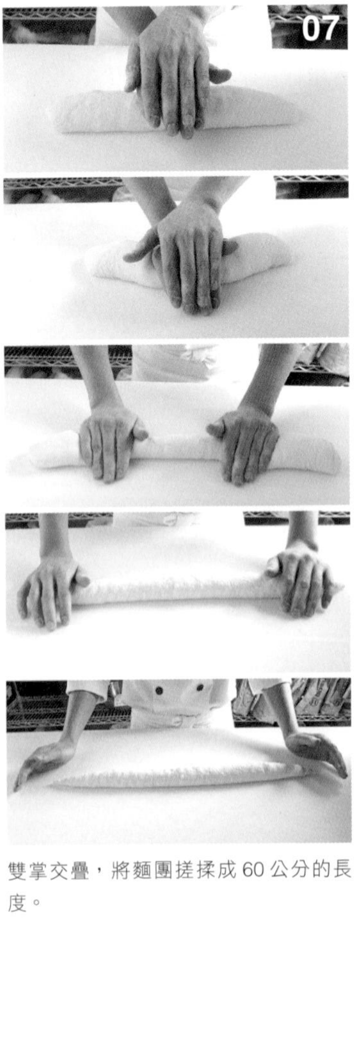

雙掌交疊，將麵團搓揉成 60 公分的長度。

雙手將整形完成的麵團，捧放在帆布上。

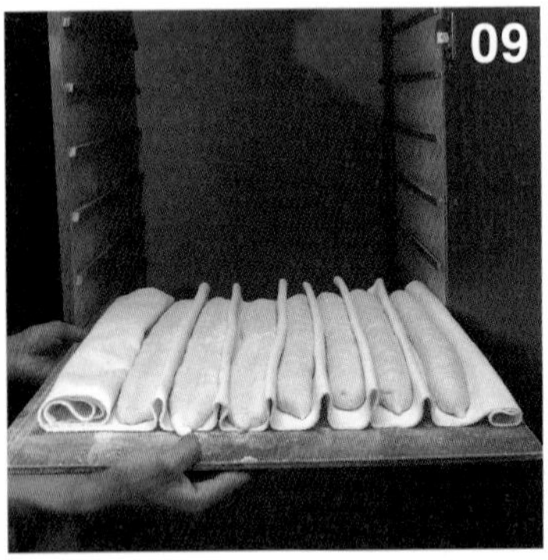

放入發酵木箱中，進行最後發酵 60 分鐘。

做法

3. 烤焙

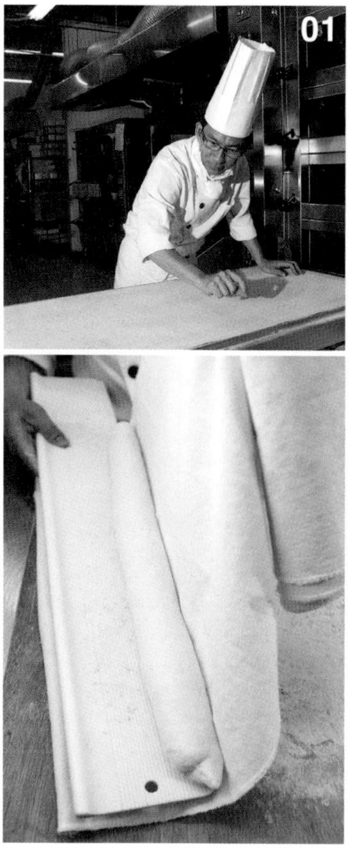

將發酵後的麵團取出。

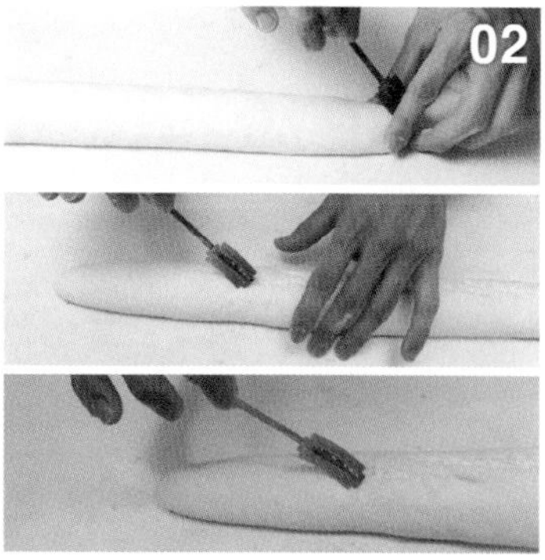

將劃刀垂直朝下，以 45 度的仰角在麵團斜劃 5 ～ 7 刀，深度約 0.2 公釐。

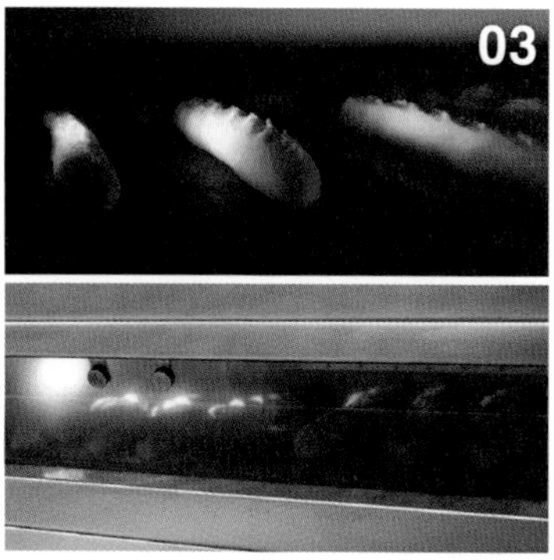

麵包入爐前，將烤箱中蒸氣開啟 5 秒後，把麵團送入烤箱，入爐後再判斷水蒸氣薄薄的附著在麵團表面上，若不足再開蒸氣 1 秒，以上火 240℃、下火 230℃，烤 30 分鐘。

外皮酥脆、氣孔大的法國長棍麵包最是可口。

寶春師傅叮嚀

進行法國麵包整形時，手勢要輕柔，手指略為弓起，切勿平放，就像替自己的孩子拍背一般，輕輕拍打，如此可保留 1/3 的空氣在麵團內。麵包被拍得舒服，也會柔軟起來。同時配合身體自然的律動，帶動手部動作，可一氣呵成將麵團拉整出 60 公分長的標準法國長棍麵包。

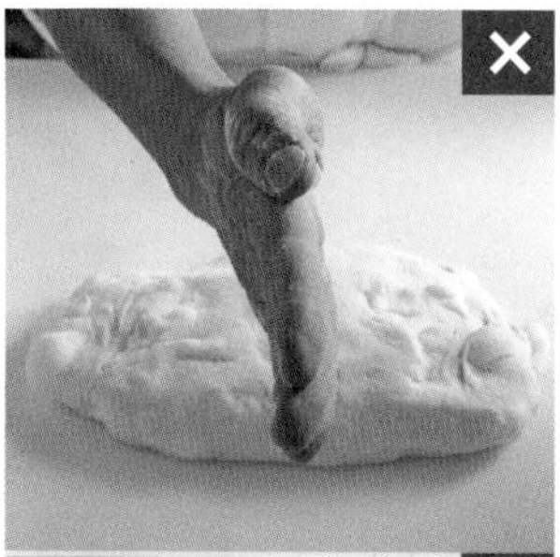

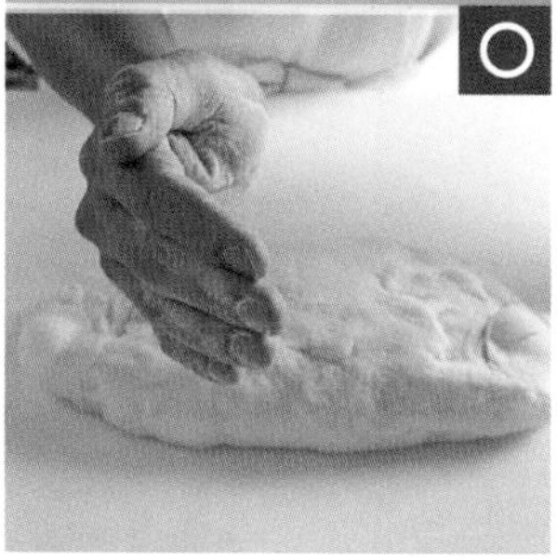

變化形法國長棍麵包

環境

室內溫度 26-28℃

材料

法國麵包麵團 ·················· 350 公克
（做法見 P30）

製程

・分割。
・中間發酵 25 分鐘。
・整形。
・最後發酵 60 分鐘。
・烤焙。

做法

1. 分割

取出法國麵包麵團。

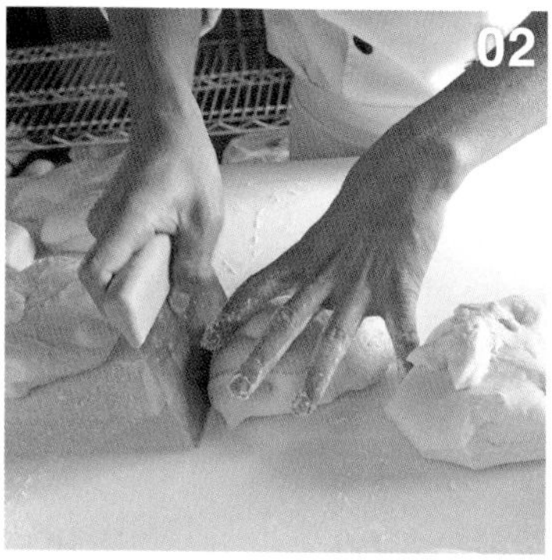

分割麵團，每塊為 350 公克。分割時盡量保持完整大塊狀，太多細碎塊狀會破壞麵團組織。

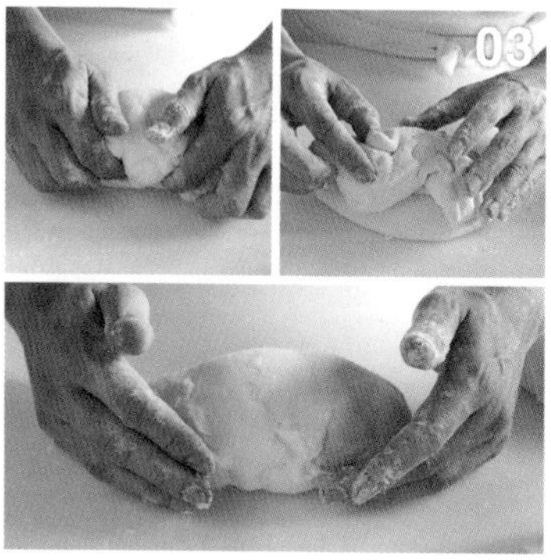

將分割後的麵團輕拍、搓揉成橢圓形。

將麵團靜置於發酵箱中，進行中間發酵 25 分鐘。

做法
2. 整形

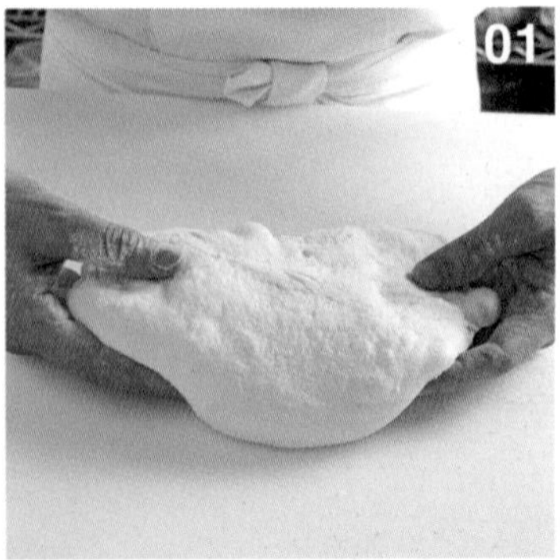

將發酵後的麵團取出輕輕拍鬆。

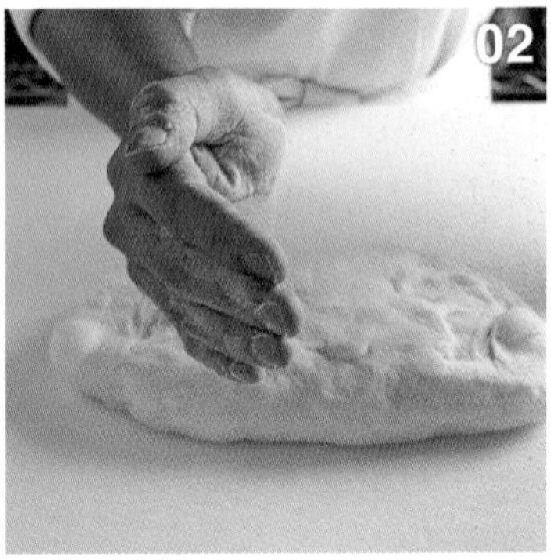

手勢微弓輕拍麵團。

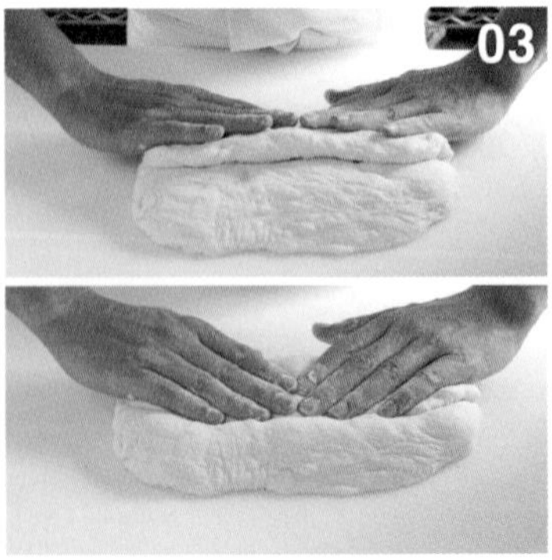

手伸直平放，將 1/3 的麵團由下往上對折。

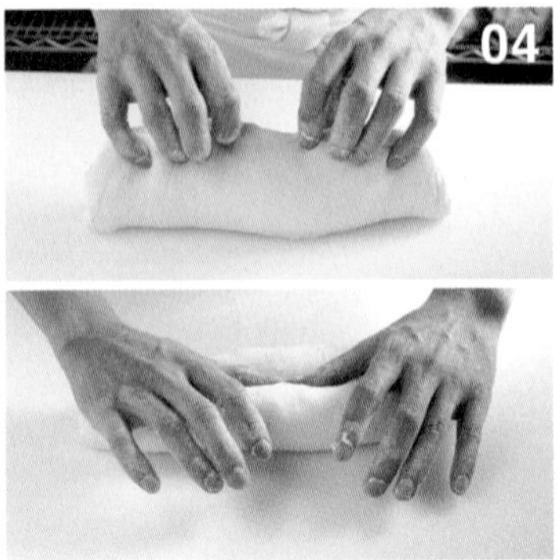

用大姆指將 1/3 麵團由上往下對折，在中間壓出凹陷。

以手掌將中間封口壓緊。

手微弓以虎口輕拍麵團，拍打出氣泡，麵團再對折。

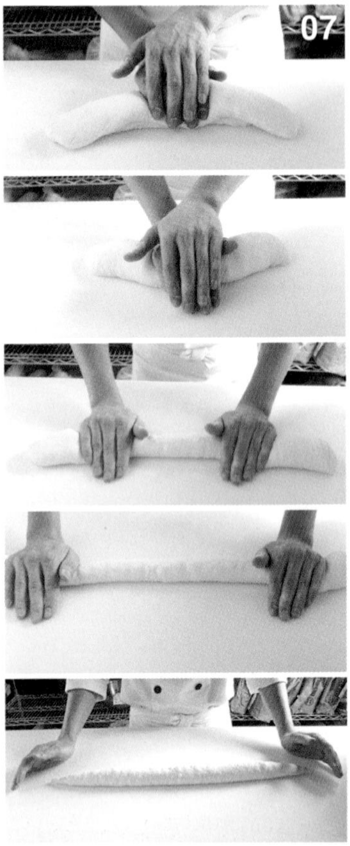

雙掌交疊，將麵團搓揉成 60 公分的長度。

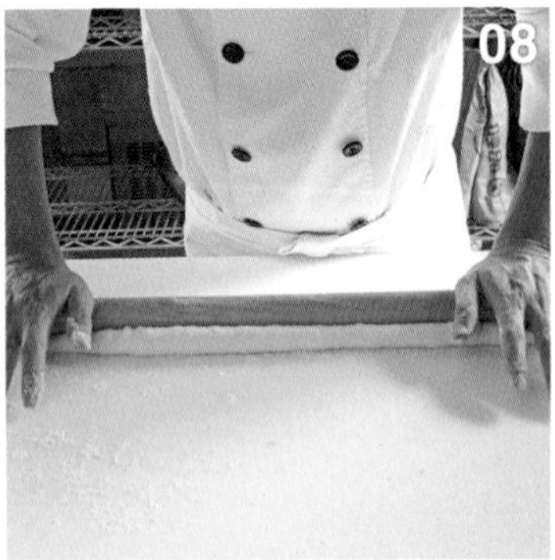

以擀麵棍在中央壓出一道凹槽。

做法

3. 烤焙

麵包入爐前，將烤箱中蒸氣開啟 5 秒後，把麵團送入烤箱，入爐後再判斷水蒸氣是否薄薄地附著在麵團表面上；若不足再開蒸氣 1 秒，以上火 240℃、下火 230℃，烤 30 分鐘。

造型花俏的變化形法國長棍麵包，既美麗又可口。

寶春師傅叮嚀

變化形法國長棍麵包可以任意變化形狀，在書中只示範一種，讀者可隨自己的喜好想法和創意來變化形狀。這款法國麵包是法國樂斯福麵包大賽項目中必列考題，評審注重造型呈現，試吃的風味則不列入評分。

以盛麵包器取出麵團後，灑上麵粉。

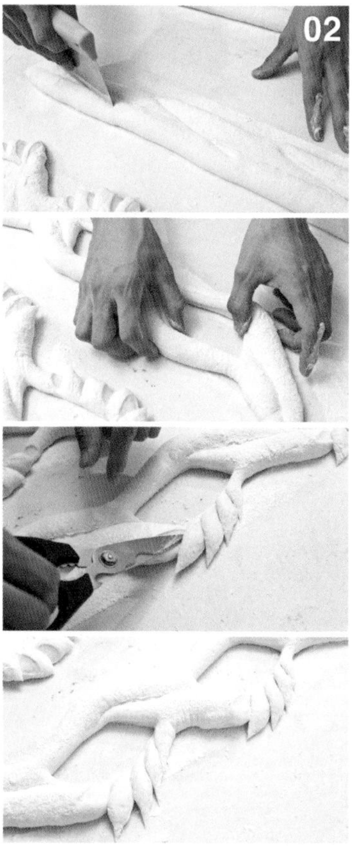

先用鐵製分割刀垂直下壓，平均切成 3 刀，再用手拉開中間，鏤空而不斷，呈現 3 個洞，在左側的兩洞之間剪 3 刀做造型。

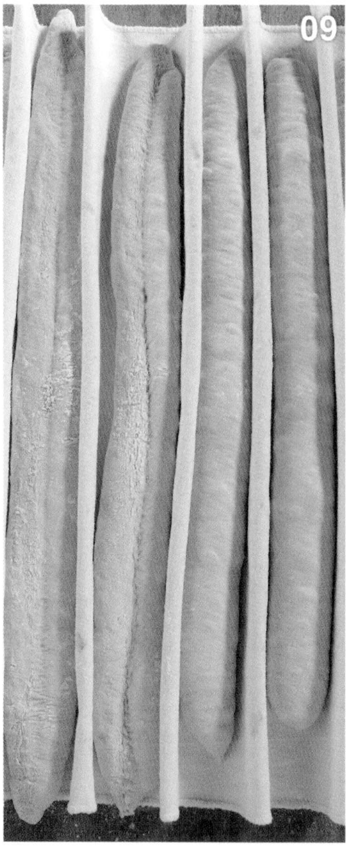

將整形完成的麵團，置放在麻布上。

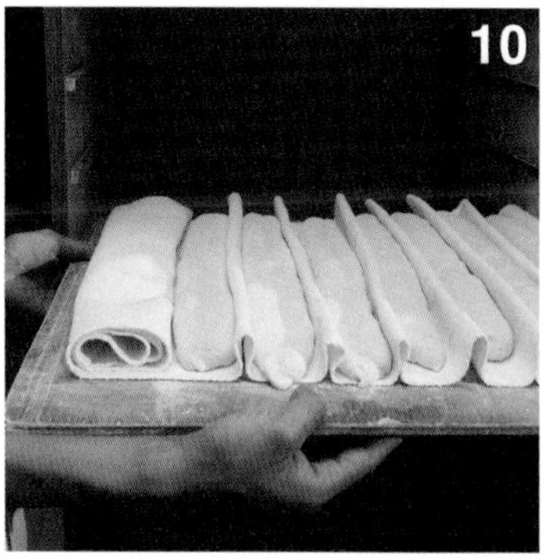

放入發酵木箱中，進行最後發酵 60 分鐘。

法國紅豆麵包

環境

室內溫度 26-28℃

材料

法國麵包麵團 ……………… 100 公克
（做法見 P30）
紅豆粒 ………………………… 40 公克
無鹽奶油 ……………………… 3 公克

製程

・分割。
・中間發酵 25 分鐘。
・整形。
・最後發酵 30 分鐘。
・烤焙。

做法

1. 分割

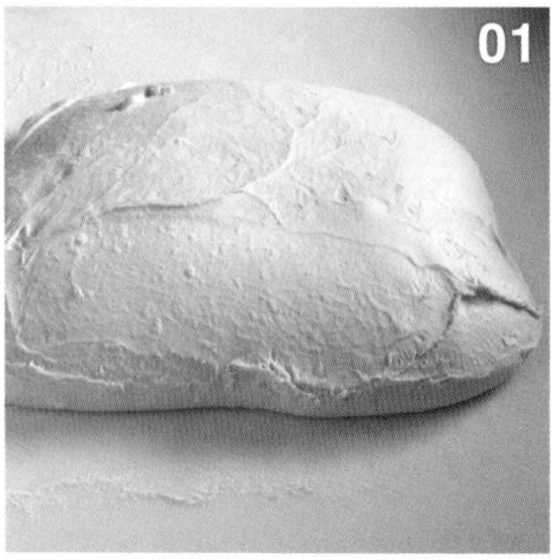

取出法國麵包麵團。

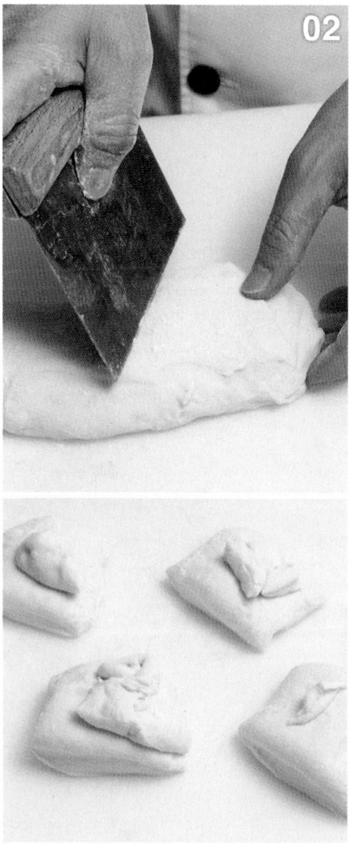

分割麵團，重量為每塊 100 公克。

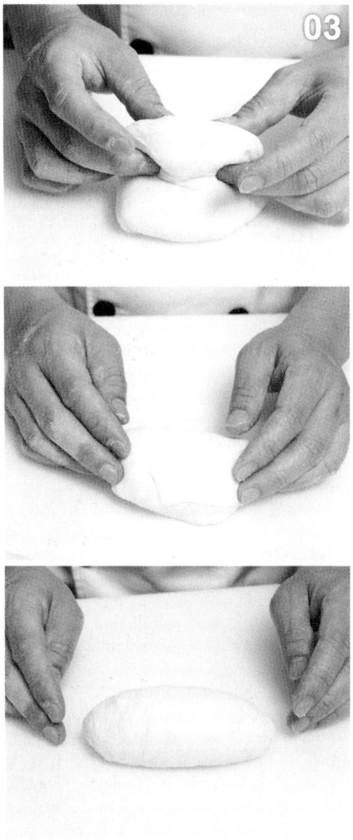

將分割後的麵團輕拍、搓揉成橢圓形。

橢圓形麵團靜置發酵箱中，進行中間發酵 25 分鐘。

做法

2. 整形

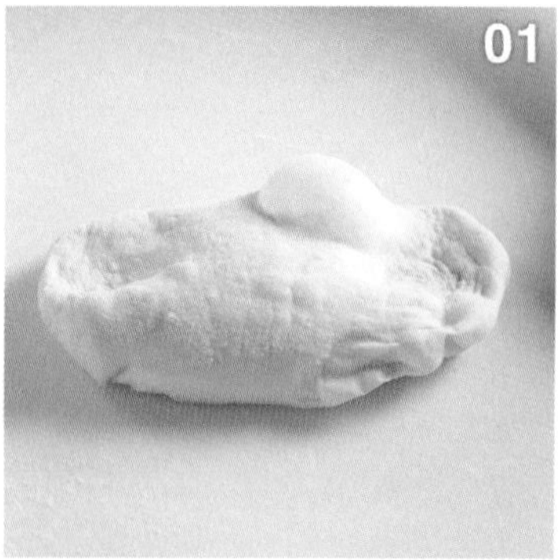

將發酵後的麵團取出，輕輕拍鬆。

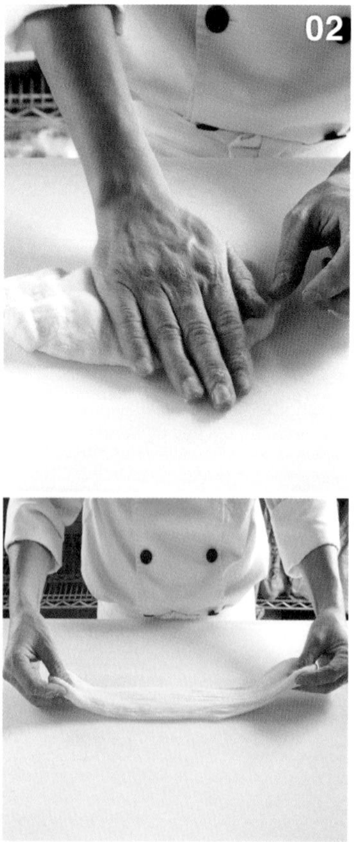

把麵團一手輕拍，另一手輕拉至 40 公分的長度。

在麵團上以包餡匙抹上一層無鹽奶油，再將紅豆放在無鹽奶油上層。

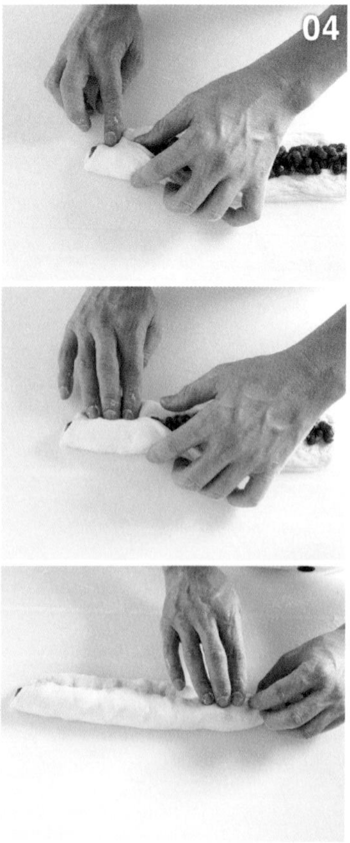

拉起左右兩邊的麵團交叉黏合，將無鹽奶油和紅豆包覆其中。

用手掌將封口壓緊，搓揉成 40 公分的長度。放入發酵木箱中，進行最後發酵 30 分鐘。

寶春師傅叮嚀

紅豆麵包的麵團要事先戳洞，是為了不讓紅豆在裡面悶得過熟，同時可讓紅豆和奶油的香氣整個散發出來，包覆整個麵包，滿足品嚐者的味蕾。

做法

3. 烤焙

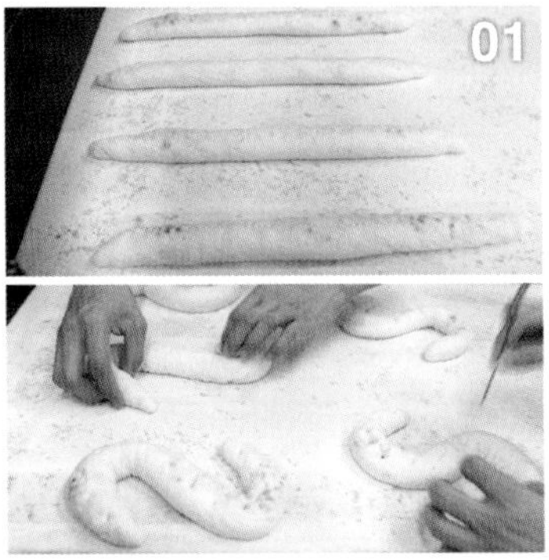

以盛麵包器取出麵團後，將麵團做成S形，並用鋼製小刀戳小洞。

麵包入爐前，將烤箱中蒸氣開啟5秒後，把麵團送入烤箱，入爐後再判斷水蒸氣是否薄薄地附著在麵團表面上；若不足再開蒸氣1秒，以上火240℃、下火230℃，烤22分鐘。

充滿麥香味及紅豆甘甜味的法國紅豆麵包。

法國培根芥末子麵包

做法
1. 分割

環境

室內溫度 26-28℃

材料

法國麵包麵團 ………………… 100 公克
（做法見 P30）
培根 …………… 1 片(每片約 26 公分)
芥末子醬 ……………………… 5 公克

製程

- 分割。
- 中間發酵 25 分鐘。
- 整形。
- 最後發酵 30 分鐘。
- 烤焙。

取出法國麵包麵團。

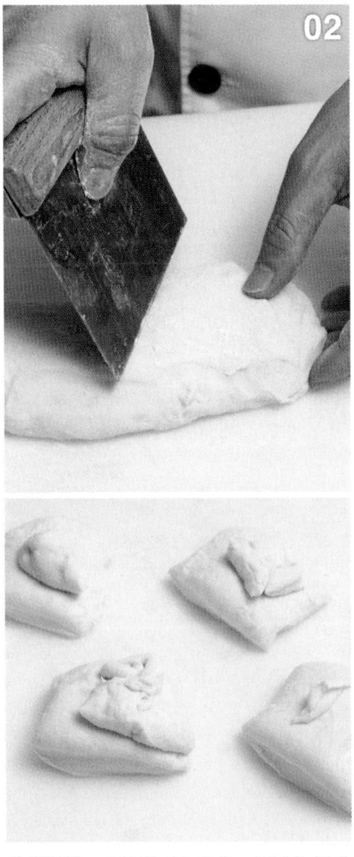

分割麵團，長度約 26 公分，重量為每塊 100 公克。

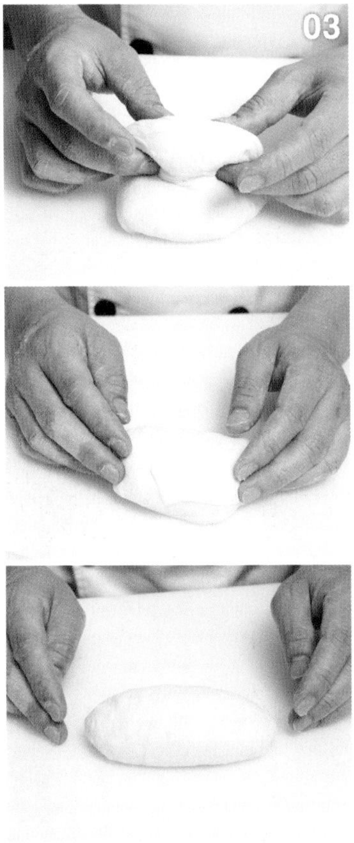

將分割後的麵團輕拍、搓揉成橢圓形。

橢圓形麵團靜置發酵箱中，進行中間發酵 25 分鐘。

做法
2. 整形

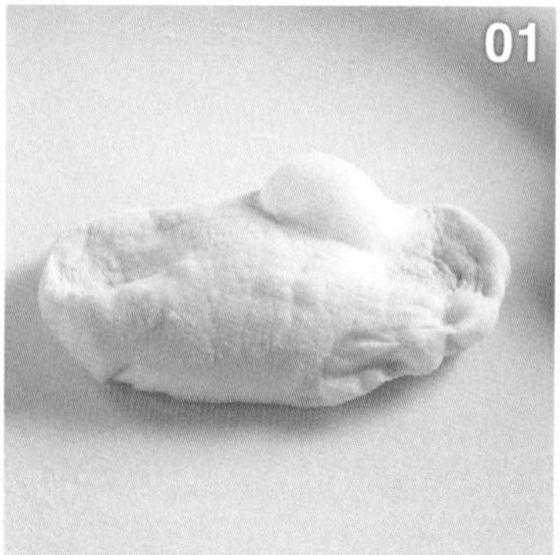

將發酵後的麵團取出，輕輕拍鬆。

把麵團一手輕甩，另一手輕拉至 26 公分的長度。

在麵團上以包餡匙抹上一層芥末子醬。

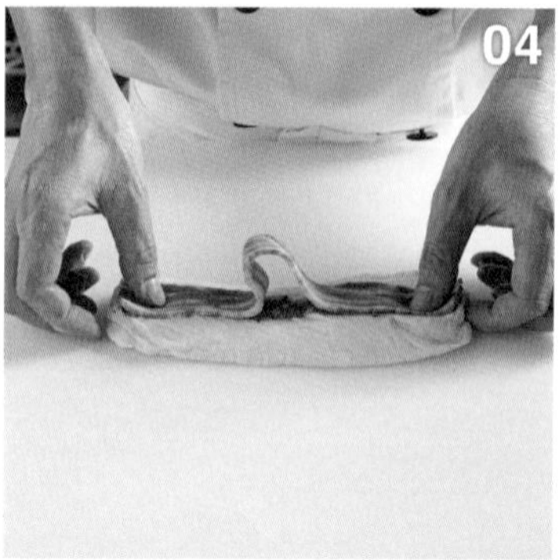

鋪上培根。

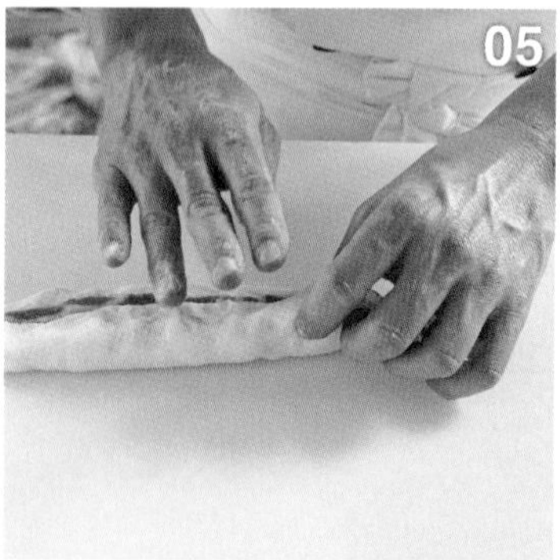

拉起左右兩邊的麵團交叉黏合，將芥末子醬、培根包覆其中。

用手掌將封口壓緊。之後放入發酵木箱中，進行最後發酵 30 分鐘。

做法
3. 烤焙

以盛麵包器取出麵團後，放在耐烤烤盤紙上，將麵團交錯剪出 6 刀，呈麥穗形。

將麵包連同耐烤烤盤紙入爐前，將烤箱中蒸氣開啟 5 秒後，把麵團送入烤箱，入爐後再判斷水蒸氣薄薄地附著在麵團表面上，若不足再開蒸氣 1 秒，以上火 240℃、下火 220℃，烤 22 分鐘。

寶春師傅叮嚀

本款麵包因需要剪開麵團，而使培根外露，油脂流出，容易造成麵包烤焦，因此建議烤爐下火溫度減10℃，為 220℃。

愈嚼愈香的法國培根芥末子麵包。

明太子法國麵包

環境

室內溫度 26-28℃

材料

法國麵包麵團 ……………… 120 公克
（做法見 P30）
明太子醬 ……………………… 20 公克
乾燥巴西里 ……………………… 少許

製程

- 分割。
- 中間發酵 25 分鐘。
- 整形。
- 最後發酵 40 分鐘。
- 烤焙。

做法

1. 分割

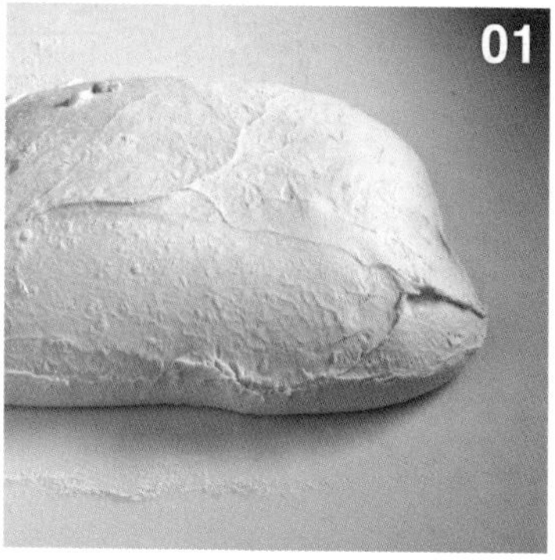

取出法國麵包麵團。

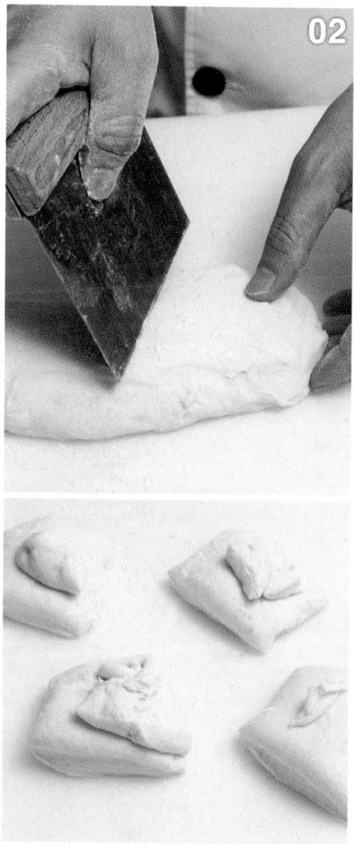

分割麵團，重量為每塊 100 公克。

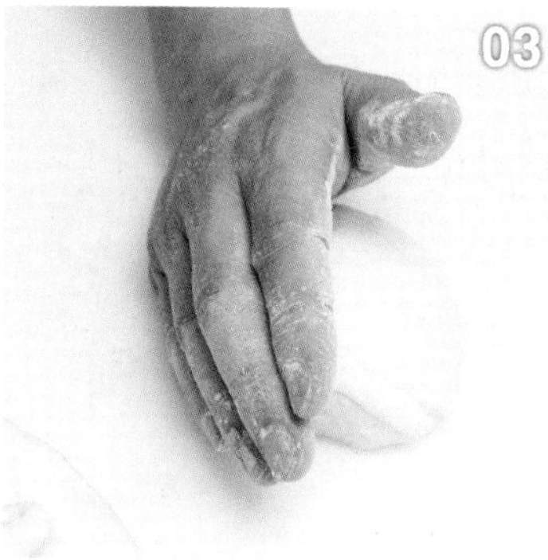

將分割後的麵團輕拍、搓揉成圓形。

圓形麵團靜置發酵箱中，進行中間發酵 25 分鐘。

做法
2. 整形

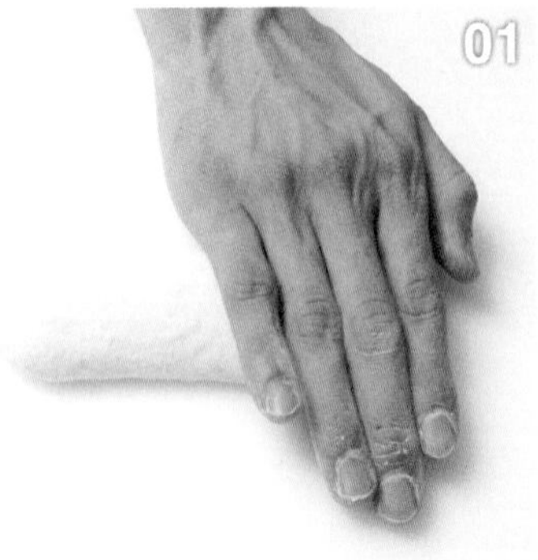

將發酵後的麵團取出，輕輕拍鬆。

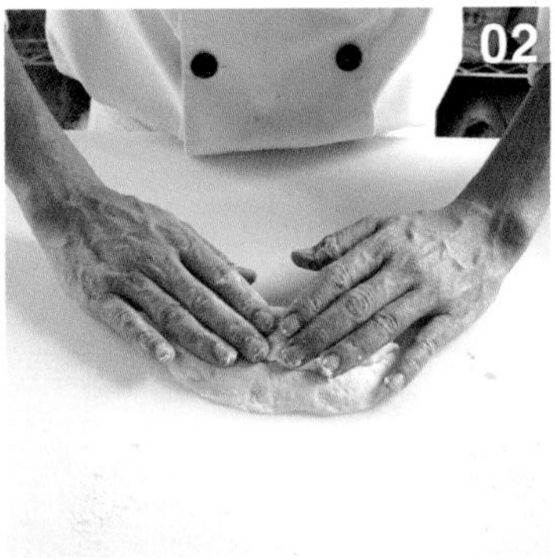

手伸直平放，將麵團由下往上對折壓出空氣。

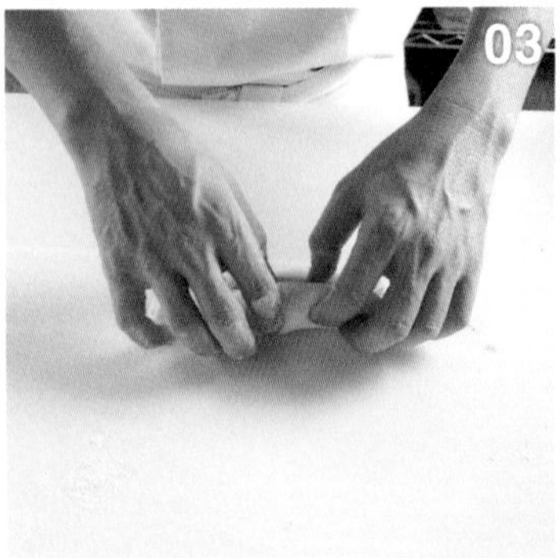

將另一邊麵團由下往上翻面，並用大拇指在中間壓出凹陷。

以手掌將中間封口壓緊。

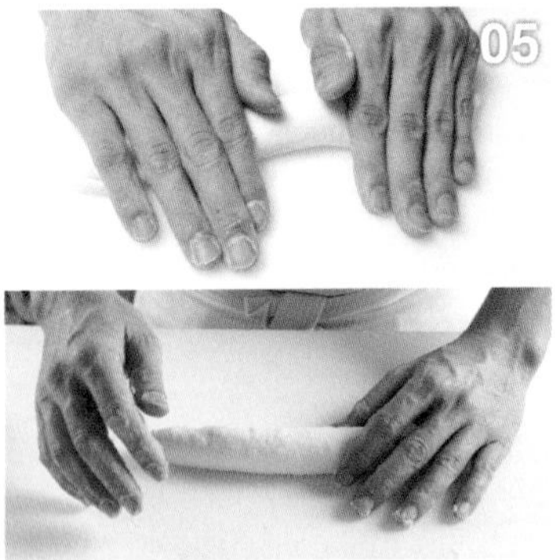

用手上下搓揉，將麵團拉出 20 公分的長度。放入發酵木箱中，進行最後發酵 40 分鐘。

做法
3. 烤焙

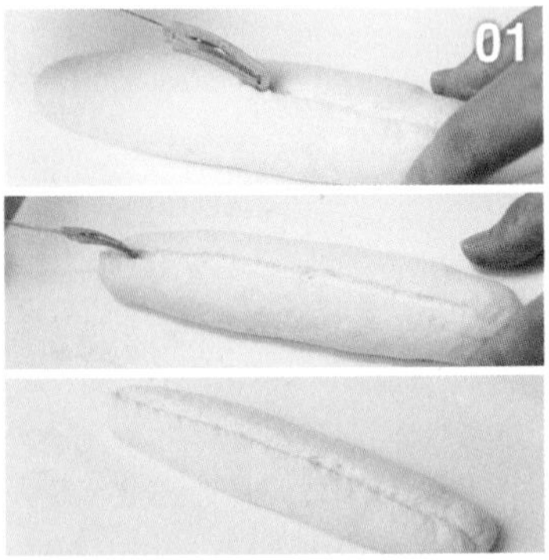

以盛麵包器取出麵團後，以劃刀在麵包中央，由上至下劃開。

麵包入爐前，將烤箱中蒸氣開啟 5 秒後，把麵團送入烤箱，入爐後再判斷水蒸氣薄薄地附著在麵團表面上，若不足再開蒸氣 1 秒，以上火 240℃、下火 230℃，烤 22 分鐘。烤好的麵包取出放涼。

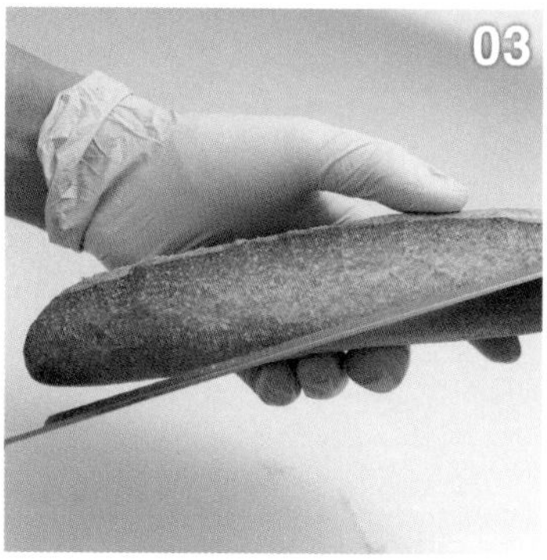

將麵包對半斜切至 2/3 深度。

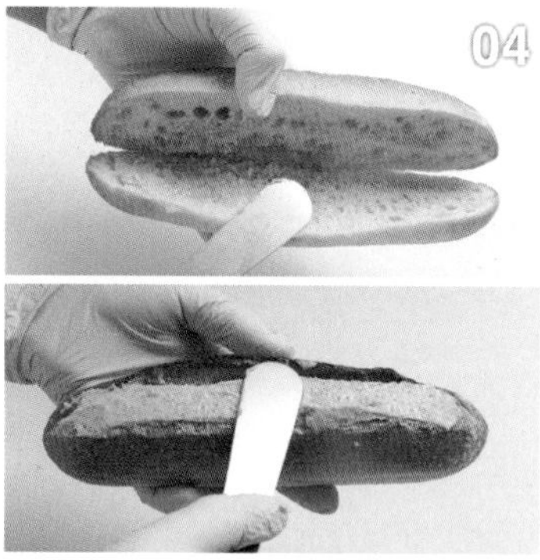

裡層塗上 10 公克明太子醬，用包餡匙抹平。外層塗上 10 公克明太子醬，再送入烤箱再烤 5 分鐘。

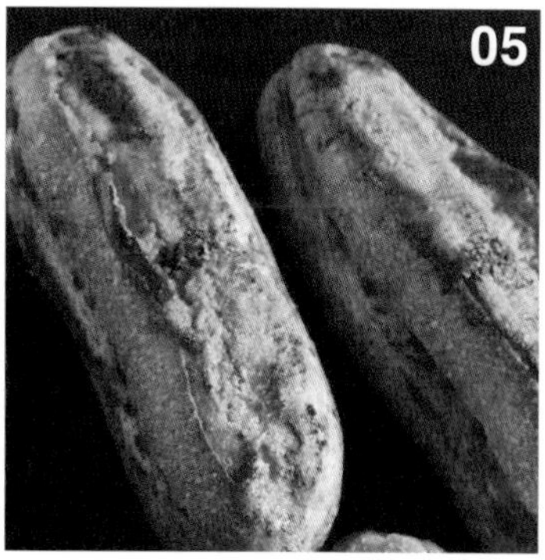

濃郁的明太子麵包上桌囉！

法國牛奶棒麵包

環境

室內溫度 26-28℃

材料

法國麵包麵團 ……………… 100 公克
（做法見 P30）
奶油餡 ………………………… 20 公克
（做法見 P227）

製程

- 分割。
- 中間發酵 25 分鐘。
- 整形。
- 最後發酵 40 分鐘。
- 烤焙。

做法

1. 分割

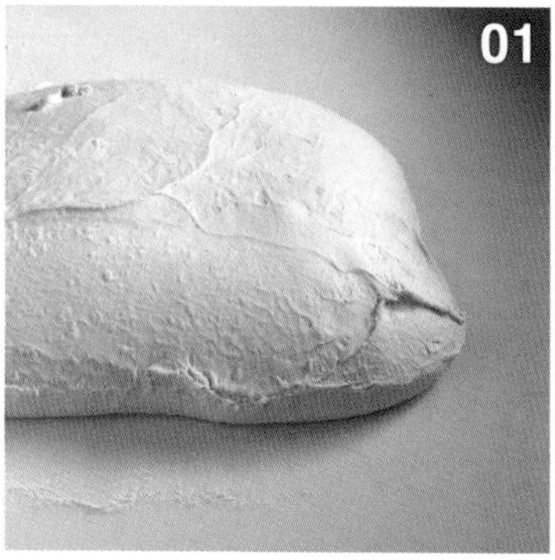

取出法國麵包麵團。

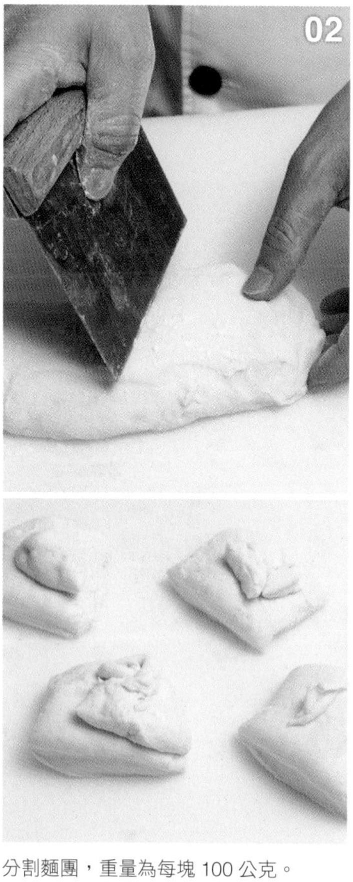

分割麵團，重量為每塊 100 公克。

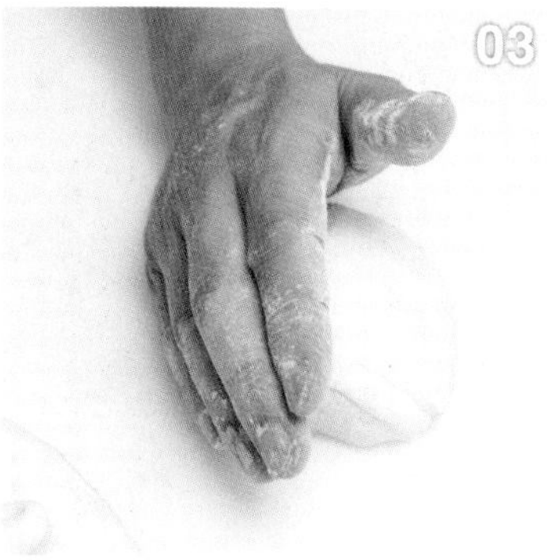

將分割後的麵團輕拍、搓揉成圓形。

圓形麵團靜置發酵箱中，進行中間發酵 25 分鐘。

做法
2. 整形

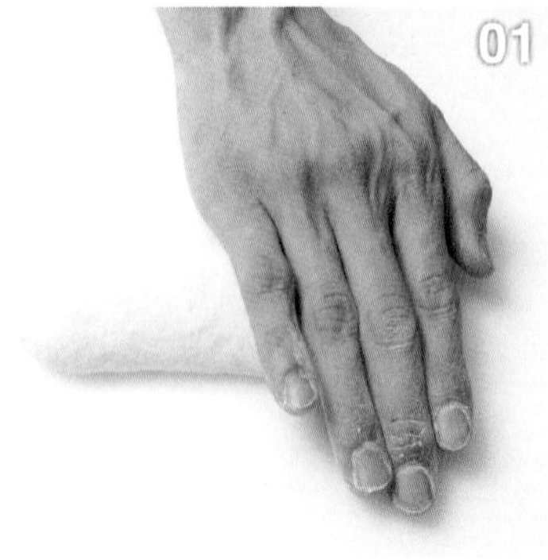

將發酵後的麵團取出，輕輕拍鬆。

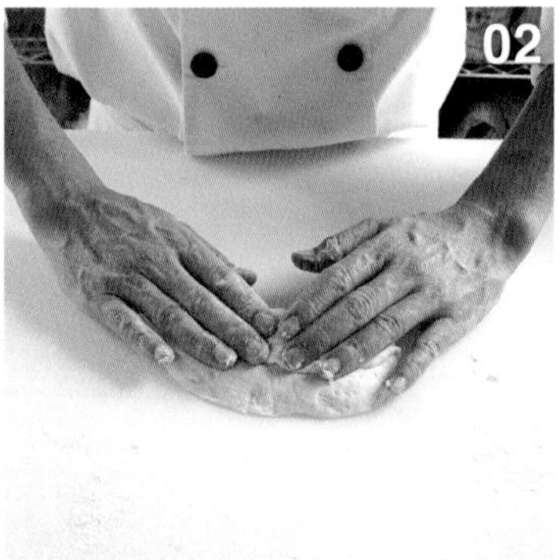

手伸直平放，將麵團由下往上對折壓出空氣。

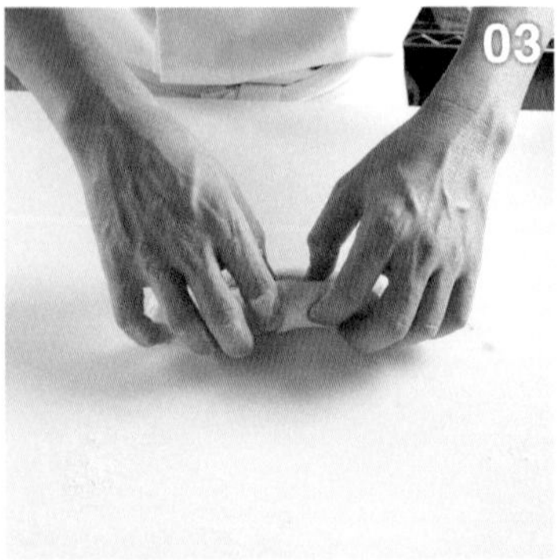

將另一邊麵團由下往上翻面，並用大拇指在中間壓出凹陷。

以手掌將中間封口壓緊。

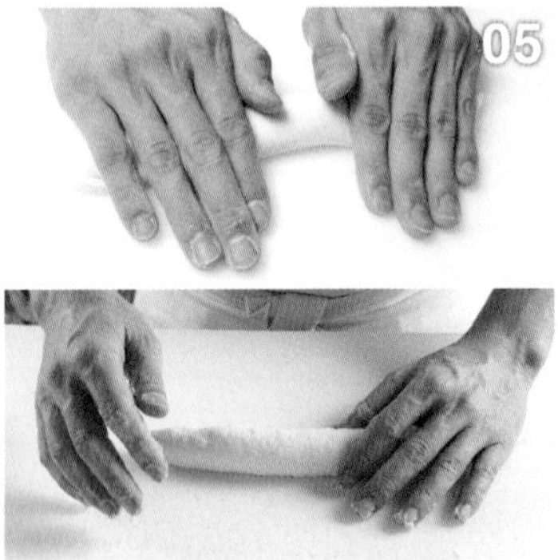

用手上下搓揉，將麵團拉出 20 公分的長度。放入發酵木箱中，進行最後發酵 40 分鐘。

做法
3. 烤焙

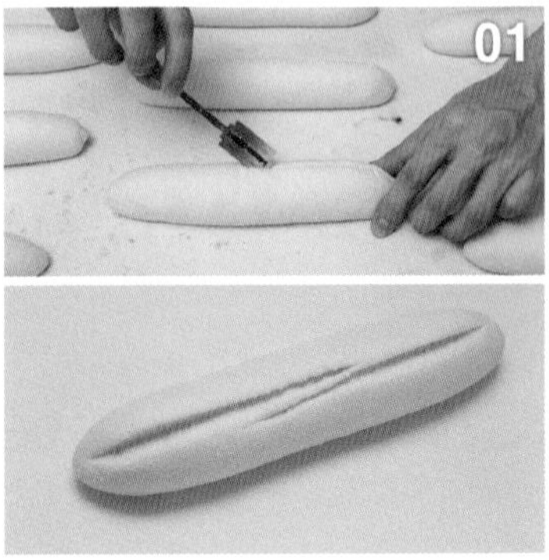

盛出之後，用刀片在表面斜劃上兩刀。

麵包入爐前將烤箱中蒸氣開啟 5 秒後，把麵團送入烤箱，入爐後再判斷水蒸氣薄薄地附著在麵團表面上，若不足再開蒸氣 1 秒，以上火 240℃、下火 230℃，烤 30 分鐘。

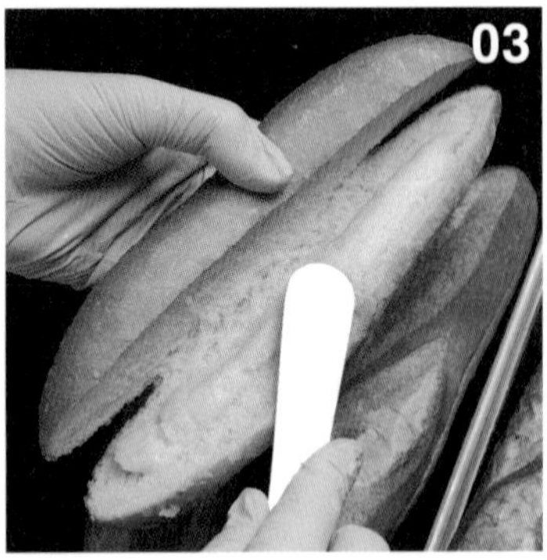

將烤好冷卻後的麵包對半斜切至 2/3 深度，麵包裡層塗上 20 公克奶油餡。

麵包外層灑上糖粉。

充滿牛奶香氣的法國牛奶棒麵包。

巧克力法國麵包

做法
1. 攪拌

環境

室內溫度 26-28℃

材料

鳥越鐵塔麵粉	1000 公克	100%
可可粉	50 公克	5%
鹽	20 公克	2%
水	810 公克	81%
低糖即溶酵母	7 公克	0.7%
可可豆	150 公克	15%

製程

- 攪拌(攪拌完的麵團溫度為 24℃)。
- 第一次基本發酵 60 分鐘。
- 翻面。
- 第二次基本發酵 60 分鐘。
- 分割。
- 中間發酵 30 分鐘。
- 整形。
- 最後發酵 60 分鐘。
- 烤焙。

01

將麵粉、可可粉、鹽先倒入攪拌缸拌勻 2 分鐘，再倒入水，用慢速攪拌 3 分鐘，加入低糖即溶酵母，再繼續慢速攪拌 3 分鐘。

02

加入可可豆，持續慢速攪拌 1 分鐘。麵團攪拌完成，確認麵團溫度為 24℃。第一次基本發酵 60 分鐘。

03

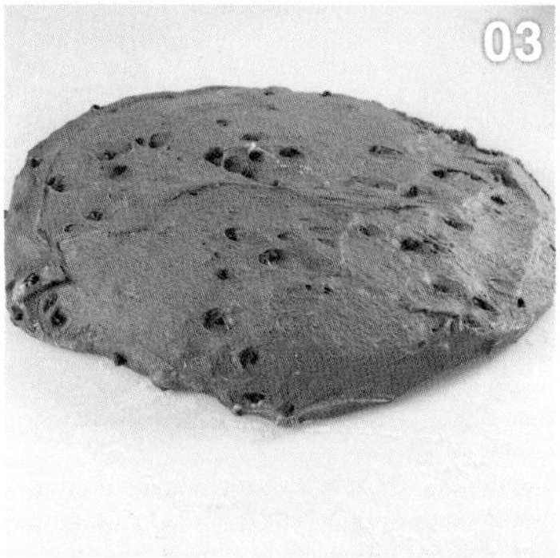

將麵團倒扣於工作桌上，用手輕壓麵團，讓空氣可以均勻分布在麵團的毛細孔再進行。

04

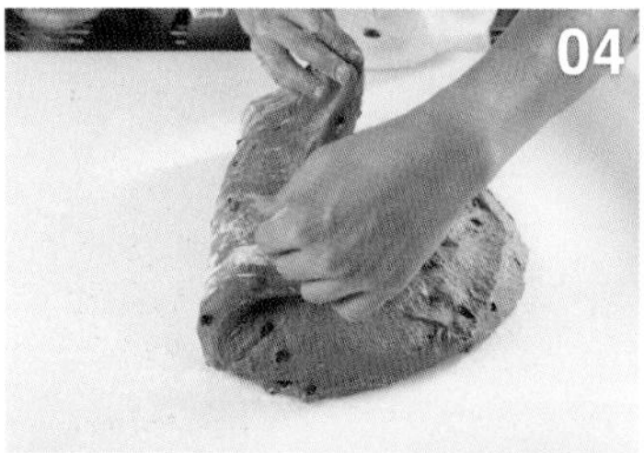
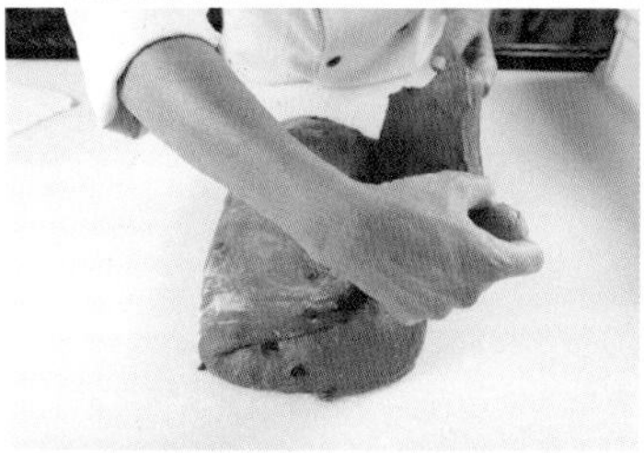

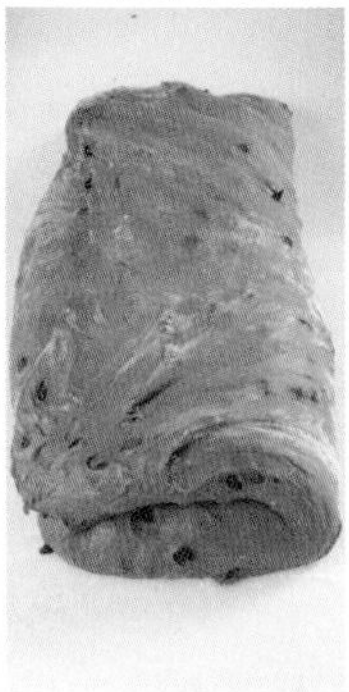

翻面，先左右對折再上下對折，讓麵團中的酵母再一次醒發。第二次基本發酵 60 分鐘。

做法
2. 分割

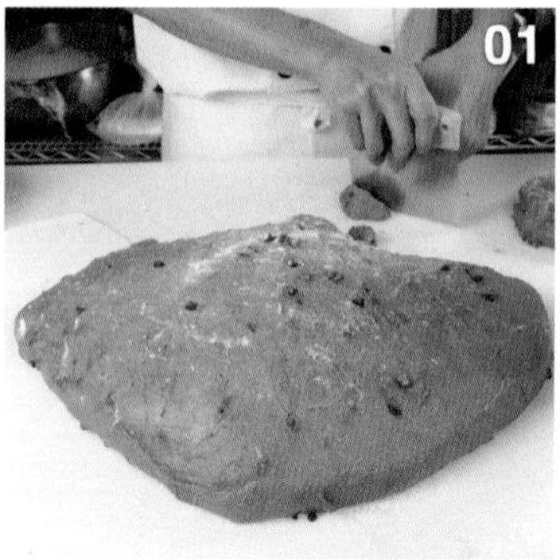

分割麵團，每塊為 200 公克。分割時盡量保持完整大塊狀，太多細碎塊狀會破壞麵團組織。

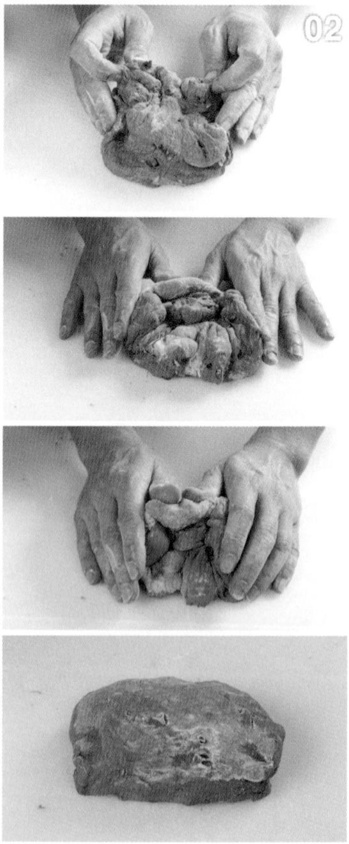

將分割後的麵團輕拍、把有分割面收入在麵團裡面呈長橢圓形。

靜置進行中間發酵 30 分鐘後，麵團表面呈光滑狀。

做法
3. 整形

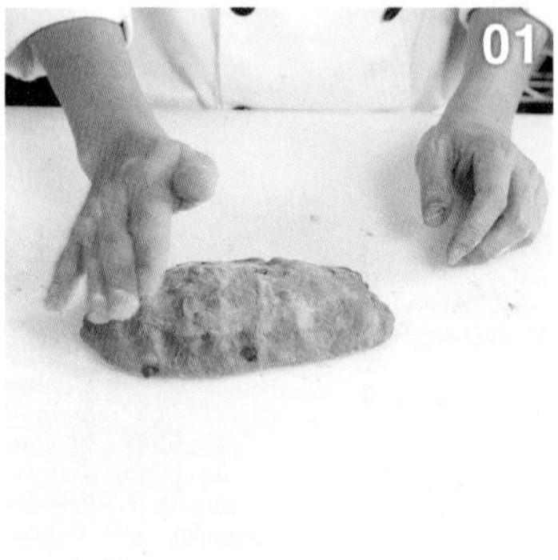

將發酵後的麵團取出，輕輕拍平。

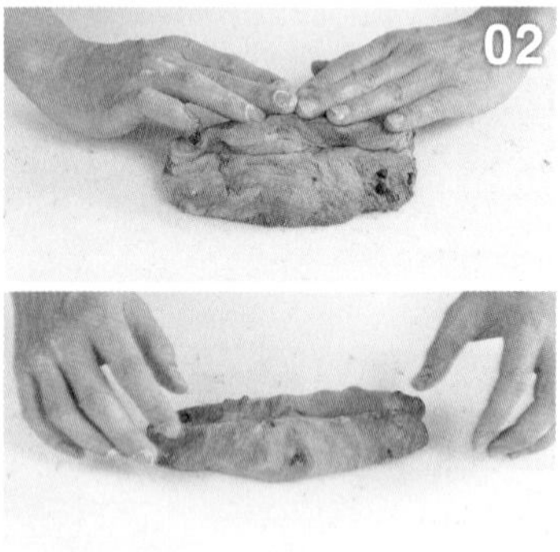

將下緣向上折 1/3，再將上緣往下折 1/3，將接縫處壓平黏合。

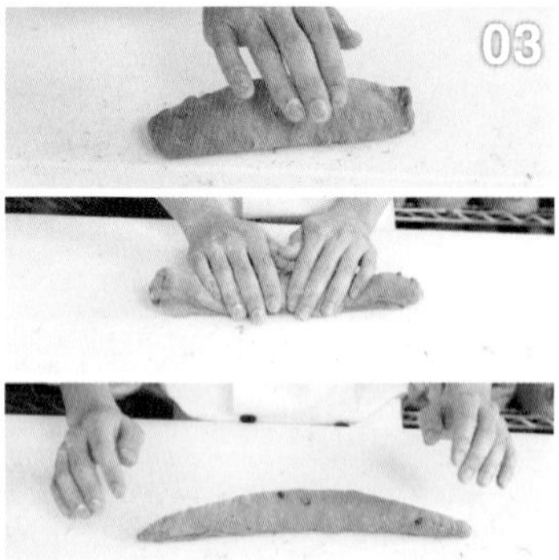

再將麵團對折，搓揉成 25 公分的長度。

做法
4. 烤焙

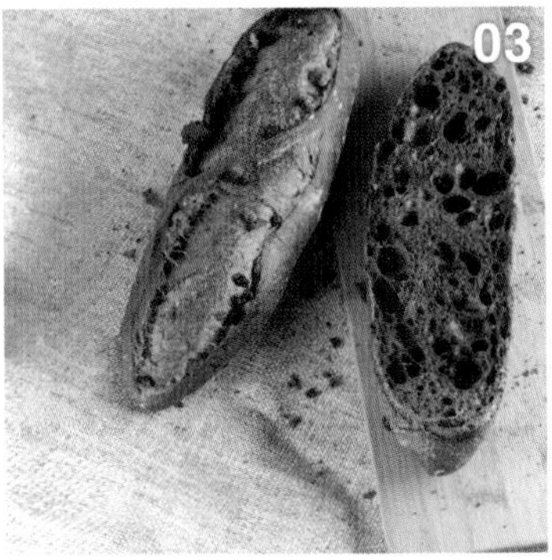

香濃甜度適中的巧克力法國麵包。

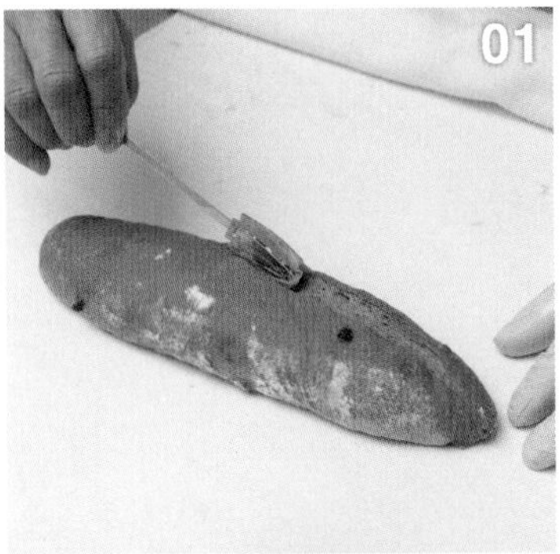

將麵團取出，中間輕劃 2 刀。

麵團整形完成，放進帆布。

麵包入爐前，將烤箱中蒸氣開啟 5 秒後，把麵團送入烤箱，入爐後再判斷水蒸氣薄薄地附著在麵團表面上，若不足再開蒸氣 1 秒，以上火 215℃、下火 205℃，烤 30 分鐘。

放入發酵木箱中，進行最後發酵 60 分鐘。

橘皮巧克力麵包

做 法

1. 攪拌

環 境

室內溫度 26-28℃

材 料

烏越鐵塔麵粉	1000 公克	100%
可可粉	50 公克	5%
鹽	20 公克	2%
水	810 公克	81%
低糖即溶酵母	7 公克	0.7%
可可豆	150 公克	15%
橘皮丁	150 公克	15%

製 程

- 攪拌（攪拌完的麵團溫度為 24℃）。
- 第一次基本發酵 60 分鐘。
- 翻面。
- 第二次基本發酵 60 分鐘。
- 分割。
- 中間發酵 30 分鐘。
- 整形。
- 最後發酵 60 分鐘。
- 烤焙。

將麵粉、可可粉、鹽先倒入攪拌缸拌勻 2 分鐘，再倒入水，慢速攪拌 3 分鐘，加入低糖即溶酵母，再繼續慢速攪拌 3 分鐘，之後轉快速攪拌 3 分鐘。

加入可可豆跟橘皮丁，持續慢速攪拌 1 分鐘。

麵團攪拌完成，確認麵團溫度為 24℃。第一次基本發酵 60 分鐘。

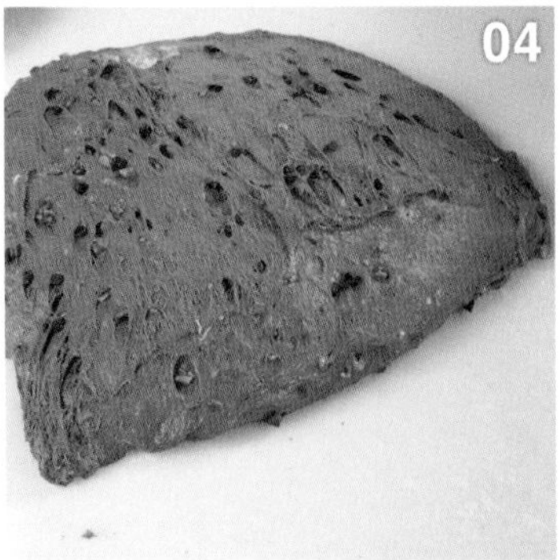

將麵團倒扣於工作桌上，用手輕壓麵團，讓空氣可以均勻分布在麵團的毛細孔再進行。

做法
2. 分割

分割麵團，每塊為 200 公克。分割時盡量保持完整大塊狀，太多細碎塊狀會破壞麵團組織。

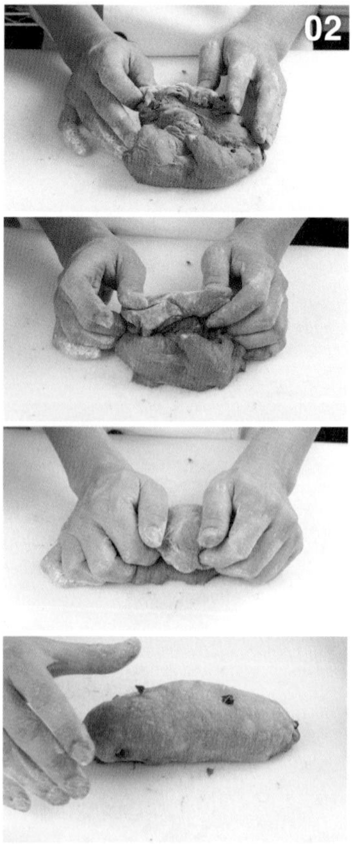

將分割後的麵團輕拍、把有分割面收入在麵團裡面呈長橢圓形。

靜置進行中間發酵 30 分鐘後，麵團表面呈光滑狀。

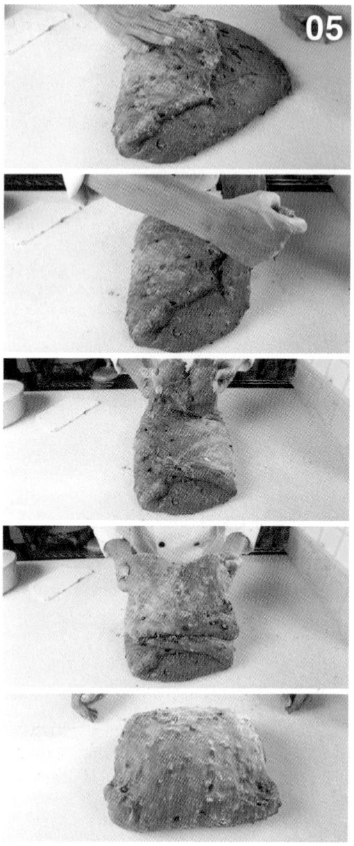

翻面，先左右對折再上下對折，讓麵團中的酵母再一次醒發。第二次基本發酵 60 分鐘。

做法
3. 整形

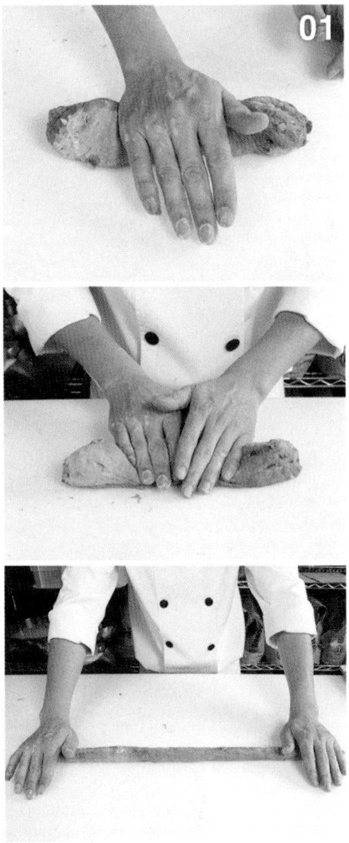

01 將麵團揉成 40 公分的長度。

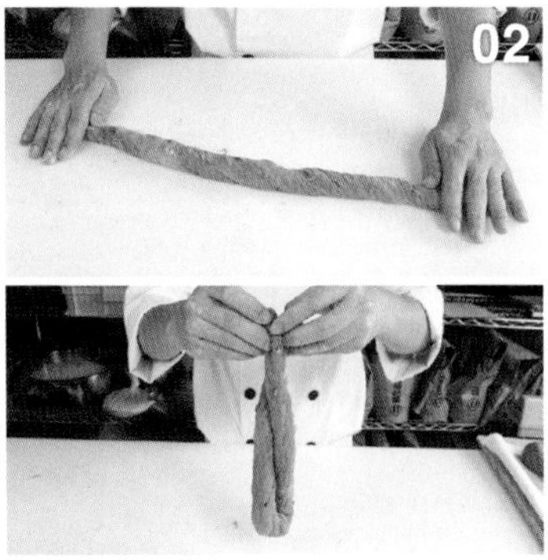

02 左右扭轉麵團，並拉起麵團兩頭。

03 將麵團捲成麻花狀。

04 放入發酵木箱中，進行最後發酵 60 分鐘。

做法
4. 烤焙

01 麵包入爐前，將烤箱中蒸氣開啟 5 秒後，把麵團送入烤箱，入爐後再判斷水蒸氣薄薄地附著在麵團表面上，若不足再開蒸氣 1 秒，以上火 225℃、下火 215℃，烤 30 分鐘。

02 融合可可豆和橘皮丁，帶有酸甜苦滋味的橘皮巧克力法國麵包。

巧克力香蕉麵包

做法
1. 攪拌

環境

室內溫度 26-28℃

材料

烏越鐵塔麵粉	1000 公克	100%
可可粉	50 公克	5%
鹽	20 公克	2%
水	810 公克	81%
低糖即溶酵母	7 公克	0.7%
可可豆	150 公克	15%
半乾香蕉丁	330 公克	33%

（做法見 P223，香蕉丁需於 12 小時前浸泡白酒 33 公克）

製程

- 攪拌（攪拌完的麵團溫度為 24℃）。
- 第一次基本發酵 60 分鐘。
- 翻面。
- 第二次基本發酵 60 分鐘。
- 分割。
- 中間發酵 30 分鐘。
- 整形。
- 最後發酵 50 分鐘。
- 烤焙。

將麵粉、可可粉、鹽先倒入攪拌缸拌勻 2 分鐘，再倒入水，用慢速攪拌 3 分鐘，加入低糖即溶酵母，再繼續慢速攪拌 3 分鐘，之後轉快速 3 分鐘。

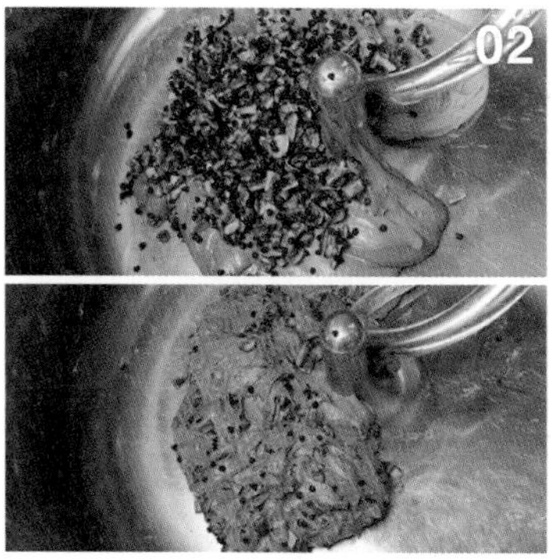

加入可可豆跟半乾香蕉丁，持續慢速攪拌 1 分鐘。

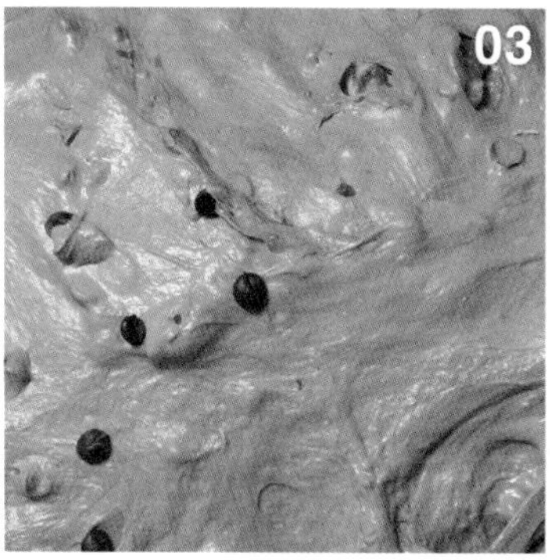

麵團攪拌完成，確認麵團溫度為 24℃。第一次基本發酵 60 分鐘。

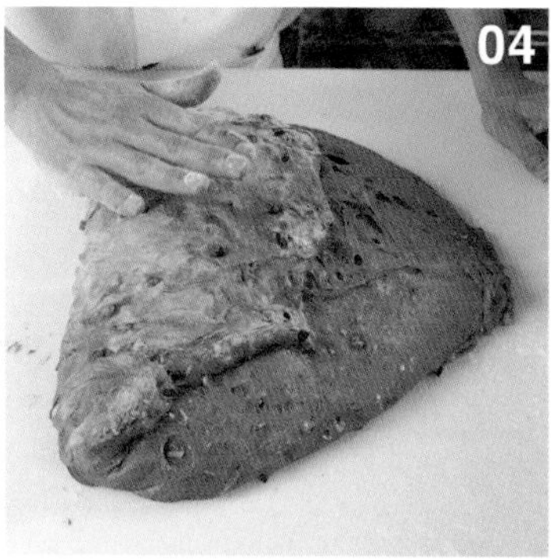

將麵團倒扣於工作桌上，用手輕壓麵團，讓空氣可以均勻分布在麵團的毛細孔再進行。

做法

2. 分割

分割麵團，每塊為 200 公克。分割時盡量保持完整大塊狀，太多細碎塊狀會破壞麵團組織。

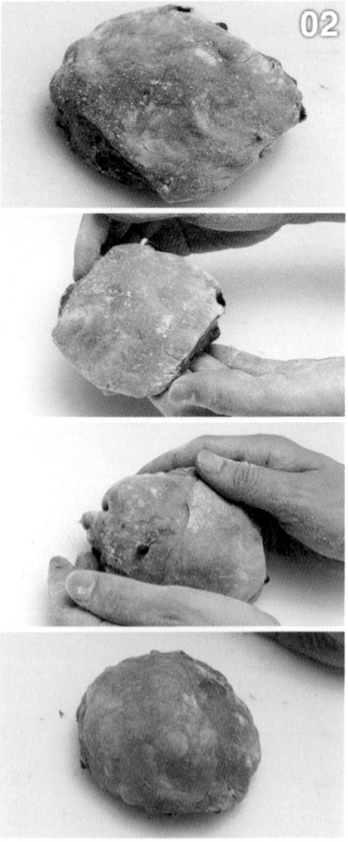

將分割後的麵團輕拍，把分割面收入在麵團裡面呈圓形。

靜置進行中間發酵 30 分鐘後，麵團表面呈光滑狀。

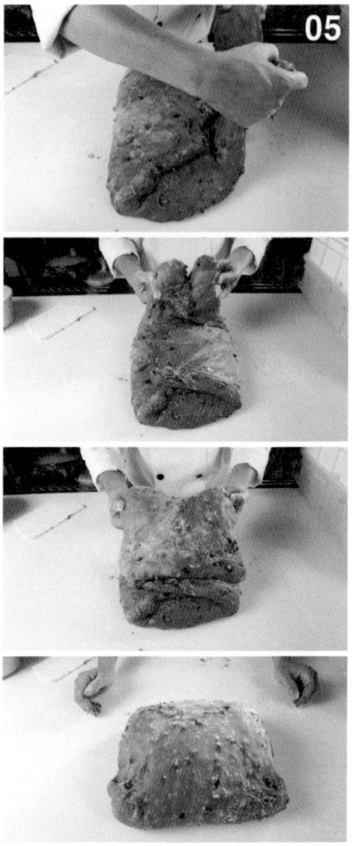

翻面，先左右對折再上下對折，讓麵團中的酵母再一次醒發。第二次基本發酵 60 分鐘。

做法

3. 整形

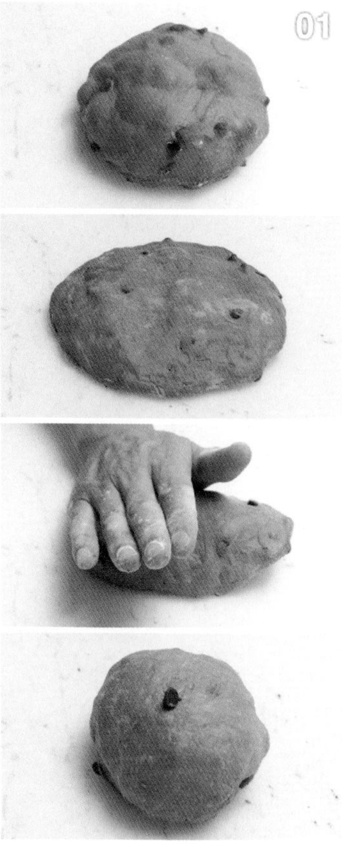

輕拍麵團，滾圓收合。

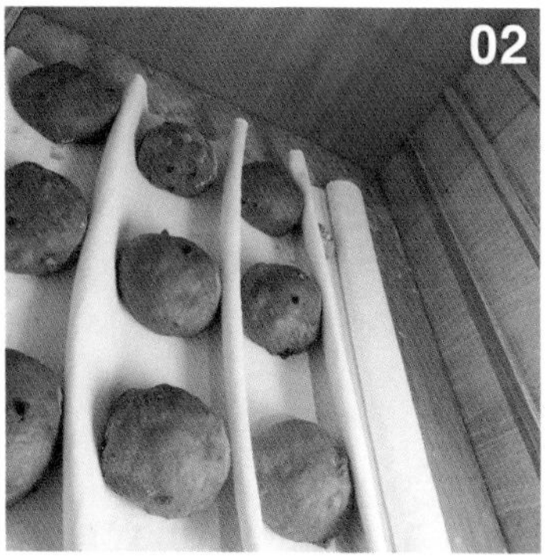

放入發酵木箱中，進行最後發酵 50 分鐘。

做法

4 烤焙

將麵團取出，入爐前先劃 4 刀，如「井」字形。

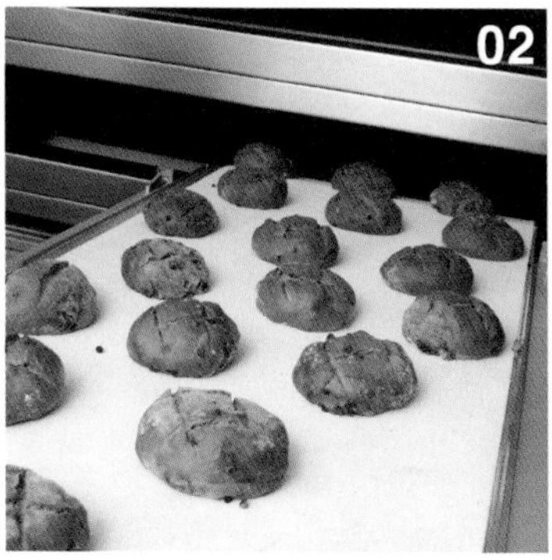

麵包入爐前，將烤箱中蒸氣開啟 5 秒後，把麵團送入烤箱，入爐後再判斷水蒸氣薄薄地附著在麵團表面上，若不足再開蒸氣 1 秒，以上火 215℃、下火 205℃，烤 32 分鐘。

香蕉丁與巧克力讓麵包滋味更豐富。

歐式麵包

許多歷史考究認為，人類吃麵包的歷史已有兩萬年之久，在最早文明起源地的兩河流域文化中，人們已知道如何將穀物碾碎後加水混合，再火烤後食用。之後，做麵包的技術經由埃及再傳入歐洲大陸；古希臘時代，歷史上第一家麵包店誕生（參考《普瓦蘭麵包之書》，P216～219）。

自此，麵包對於歐洲而言，不只是文明的象徵，更與政治、宗教、經濟息息相關，是他們生活文化的基底，歐式麵包也可以說主宰了近世紀全球麵包的發展。其中，裸麥製成的黑麵包，是歐洲民族肚子和精神最重要的養分，它曾是貧窮、黑暗階級的代稱，直到十八世紀法國大革命後，「窮人吃黑麵包，有錢人吃白麵包」的不平等時代才告終，因此「麵包平等權」，實則是自由、平等反映在真實生活上的具體意涵。

有趣的是，早年相較容易種植的裸燕和燕麥，近年反而種植面積較少，成本比小麥還貴，加上健康意識抬頭，認為粗製的裸麥粉營養價值較高；於是時代又翻轉一回，現在黑麵包比白麵包還貴，成了高級品。

這段麵包史的發展，帶給我極大的體悟：人生就和麵包一樣，不要因為出生環境的低劣、卑微，就自我放棄，甚或草草否定自己未來發展的可能性；人生要像歐式麵包，要慢慢咀嚼、細細品嘗，生命的後韻即會湧現。

不同國家各有獨特的麵包特色

嚴格來說，歐洲國家主要的麵包種類都能稱為「歐式麵包」。但不同國家代表的麵包特色就不同，黑麵包只是其中最具代表性的主流麵包。

以德國黑麵包來說，他們用裸麥培養老麵，帶著特殊酸味的口感。其中，裸麥富含半纖維素，雖然有飽足感，有益腸道健康，但裸麥其實沒有筋性，不容易成形及包覆空氣，因此麵團不易膨脹，烘烤技術門檻很高。另外，德國人愛喝啤酒，特殊的啤酒麵包製作過程會沾鹼水，也因為啤酒是酸性，如此邊喝啤酒邊吃麵包，可以達到酸鹼中和，讓口感更順。

義大利麵包又是完全不同的風情，義大利的水果麵包，甚至為他們國家帶來極為豐厚的外匯存底，即可知這款麵包在世界麵包舞台占有多重要的分量。義大利水果麵包的製作過程極為繁複而困難，可以說是失敗率很高的麵包，而成與敗的口感差異猶如天壤之別，是麵包師傅心中的一堵高牆。

水果麵包老麵特殊，是由水果中提煉出的菌種，再與麵粉、水發酵；麵包裡的果乾則需長時間經酒浸泡。這種層層疊疊工序中產製出來的麵包，讓它有獨特的個性，一般麵包都是愈新鮮愈好吃；義大利水果麵包卻像酒一般，愈陳愈香，放愈多天愈好吃，酒漬的果乾和麵包體在空氣底下，會慢慢由時間、溫度再次醞釀沉澱，讓香氣加乘。這也是我下一步要挑戰的目標。

台灣麵包師傅的學習與挑戰

但我也要坦承，自己過去所接觸的歐式麵包，都是「日式」的歐式麵包，是由日本人的觀點和方法製成的「改良品」。直到二〇〇八年前往法國參加世界盃比賽之前，我對於所謂「真正的歐式麵包」，仍是一知半解、瞎子摸象。

麵包不是只有配方和步驟就能百分百仿製的，除了麥子的品種，甚至水中的礦物質都可能讓口感產生差異。但做一款麵包若全部材料都要由產地原裝進口，不只成本太高，也不盡符合在地人的口味。重點是了解後，再消化、創新。

這是日本人教會我的「歐式麵包精神」。日本人學習歐式麵包，會到當地通透地了解和學習，把技術帶回國後，再依照在地人的口味，修飾亞洲人較無法接受的酸味，減少裸麵和老麵的比例，但留存歐式麵包的骨髓。這種學習、挑戰的態度是我所欣賞的。這單元列出的歐式核桃麵包做法，是我集合前輩們的智慧及多年學習經驗，不斷嘗試不同比例組合，調整出適合台灣人口味的歐式麵包。

歐式核桃麵團

環境

室內溫度 26-28℃

材料

霓虹吐司粉	1000 公克	100%
砂糖	60 公克	6%
麥芽精	5 公克	0.5%
全蛋	100 公克	10%
新鮮酵母	35 公克	3.5%
法國麵包麵團	150 公克	15%
（做法見 P30，並經過 5℃冷藏 12 小時）		
鹽	17 公克	1.7%
水	560 公克	56%
無鹽奶油	70 公克	7%
核桃	300 公克	30%

製程

- 攪拌（攪拌完的麵團溫度為 26℃）。
- 第一次基本發酵 60 分鐘。
- 翻面。
- 第二次基本發酵 30 分鐘。

做法

1. 攪拌

將麵粉、水、砂糖、麥芽精、全蛋倒入攪拌機，慢速攪拌 3 分鐘。

當攪拌至第 2 分鐘時，加入新鮮酵母及經過 5℃冷藏 12 小時的法國麵包麵團。讓麵團靜置 15 分鐘後，再慢速攪拌 1 分半鐘。

加入鹽後，慢速攪拌 4 分鐘。

加入無鹽奶油，慢速攪拌 1 分鐘。

加入核桃後，慢速攪拌 1 分鐘。

做法

2. 發酵

第一次基本發酵：靜置 60 分鐘。

麵團倒扣於工作桌，輕拍麵團，讓空氣平均分布在麵團裡。

翻面，先左右對折再上下對折，讓麵團中的酵母再一次醒發。

第二次基本發酵：將翻面的麵團靜置 30 分鐘。

第二次基本發酵完成後，再依將要製作的麵包尺寸，進行分割。

麵團成形，測量麵團溫度為 26℃。

南瓜核桃麵包

環境

室內溫度 26-28℃

材料

歐式核桃麵團 ………………… 70 公克
（做法見 P72）
南瓜泥 ……………………… 50 公克
（做法見 P225）

製程

・分割。
・中間發酵 30 分鐘。
・整形。
・最後發酵 60 分鐘。
・烤焙。

做法

1. 分割

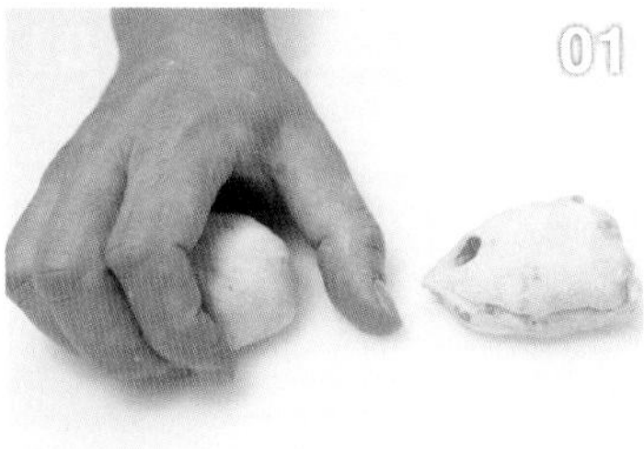

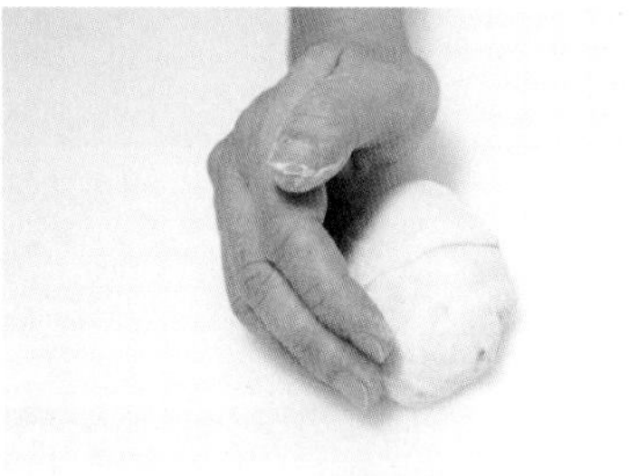
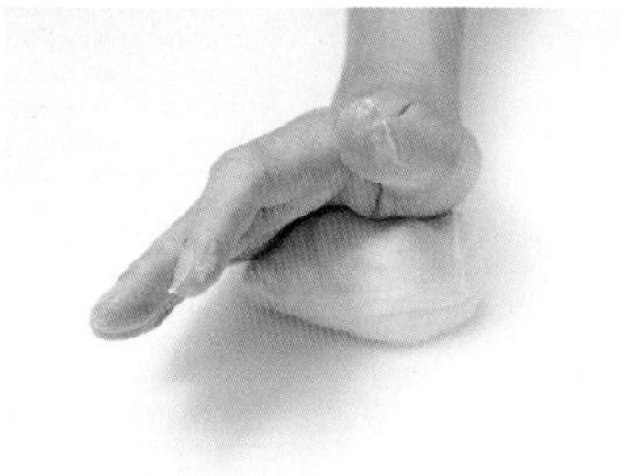

將歐式核桃麵團分割，每塊為 70 公克。接著將分割後的麵團滾圓後，進行中間發酵 30 分鐘。

做法

2. 整形

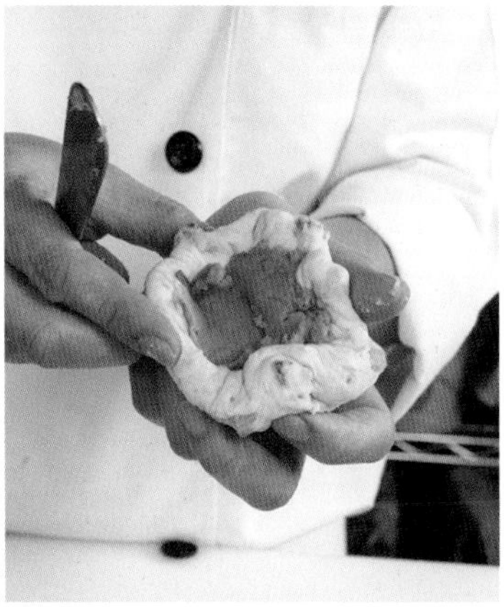

將麵團拍平，將 50 公克的南瓜泥包在中間。

將包餡麵團的底部捏合。

做 法

3. 烤焙

在發酵好的麵團上，再放上一塊乾淨烤盤。

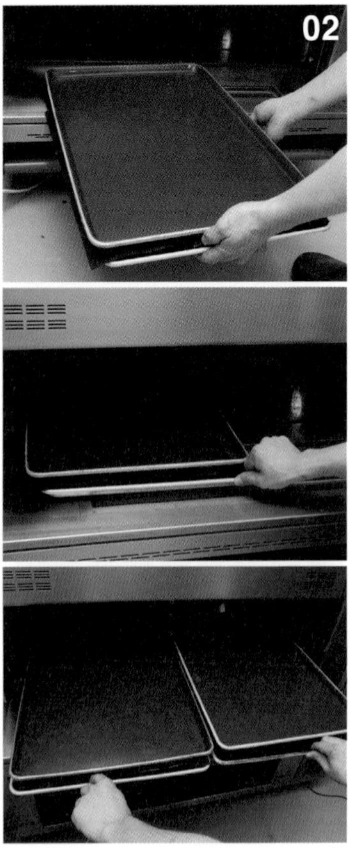

將麵團送入烤箱蒸氣噴發 5 秒，以上火 240℃、下火 210℃，烤 28 分鐘。

放入溫度 38℃、濕度 80% 的發酵箱內，最後發酵 60 分鐘。

充滿南瓜清香的南瓜核桃麵包。

起司核桃麵包

環境

室內溫度 26-28℃

材料

歐式核桃麵團 ……………… 125 公克
（做法見 P72）
乳酪絲 ……………………… 15 公克
高塔起司 …………………… 25 公克

製程

- 分割。
- 中間發酵 30 分鐘。
- 整形。
- 最後發酵 60 分鐘。
- 烤焙。

做法

1. 分割

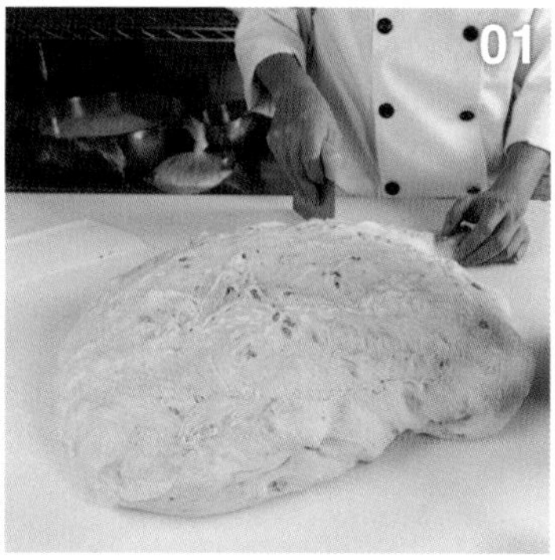

分割歐式核桃麵團，每塊為 125 公克。

將麵團滾圓。進行中間發酵 30 分鐘。

做法

2. 整形

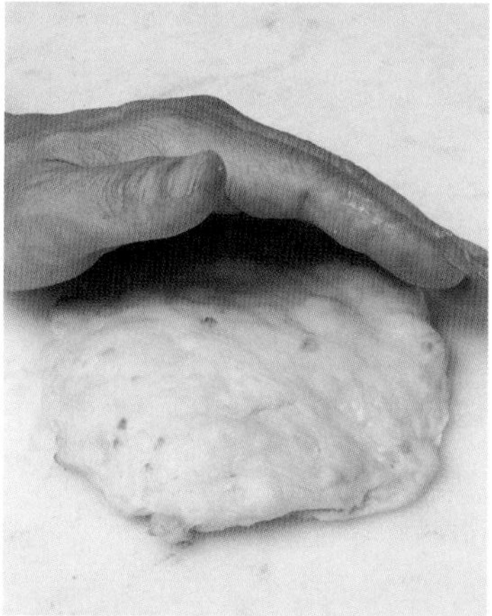
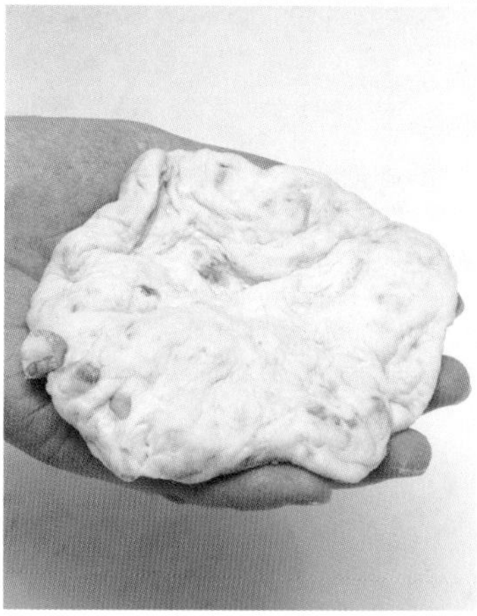
將麵團拍平。

做法

3. 烤焙

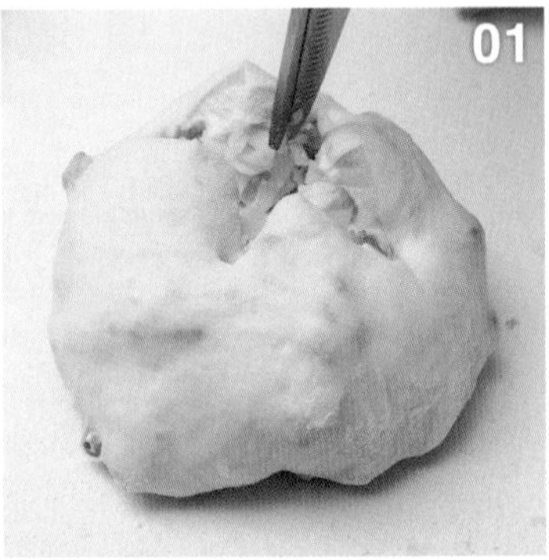

將發酵好的麵團，用剪刀剪出十字狀。

開啟烤箱蒸氣噴發 4 秒後，將麵團送入烤箱，以上火 230℃、下火 200℃，烤 25 分鐘。

起司核桃麵包，每一口都品嚐得到起司的濃郁與核桃的口感。

將上述麵團放進帆布，一起進入發酵木箱，進行最後發酵 60 分鐘。

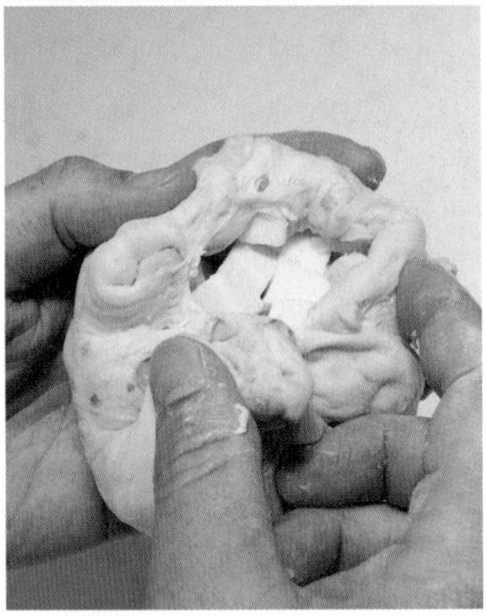

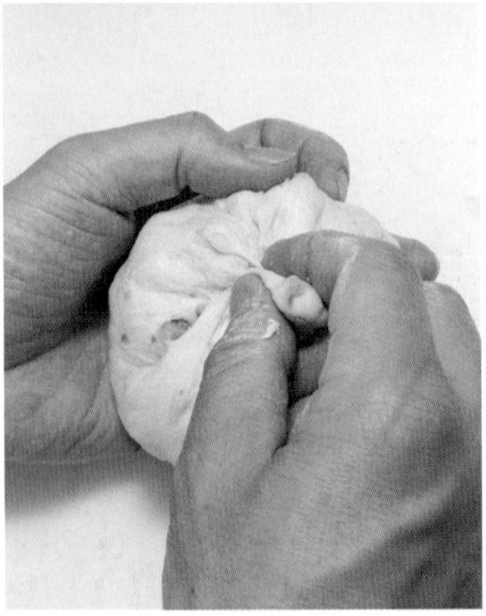

將 15 公克的乳酪絲、25 公克的高塔起司包在中間。

蜂蜜核桃麵包

做法
1. 攪拌

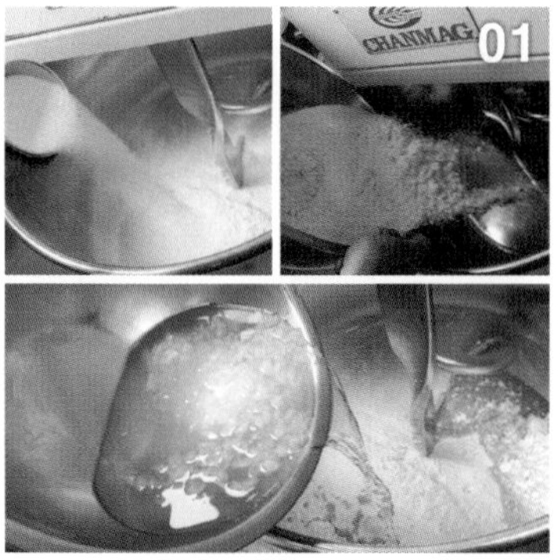

將麵粉、水、砂糖、麥芽精、全蛋液倒入攪拌機，慢速攪拌 3 分鐘。

當攪拌至第 2 分鐘時，加入新鮮酵母及經過 5℃冷藏 12 小時的法國麵包麵團。讓麵團靜置 15 分鐘後，再慢速攪拌 1 分半鐘。

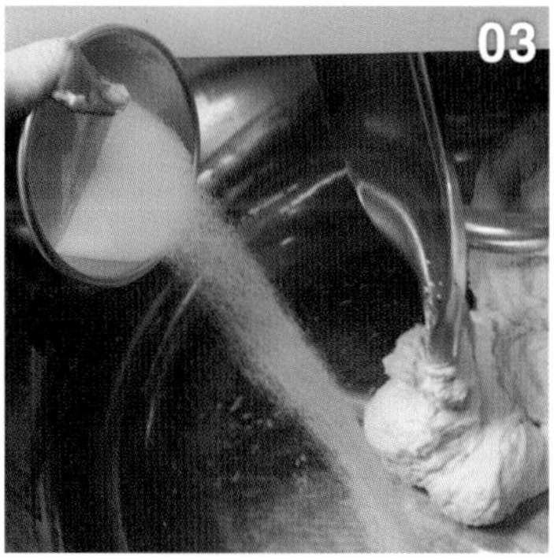

加入鹽後，慢速攪拌 4 分鐘。

加入無鹽奶油，慢速攪拌 1 分鐘。

拌入核桃 300 公克和蜂蜜丁 300 公克，攪拌均勻。

麵團成形，測量麵團溫度為 26℃。

環境

室內溫度 26-28℃

材料

霓虹吐司粉	1000 公克	100%
砂糖	60 公克	6%
麥芽精	5 公克	0.5%
全蛋液	100 公克	10%
新鮮酵母	35 公克	3.5%
法國麵包麵團（做法見 P30，並經過 5℃冷藏 12 小時）	150 公克	15%
鹽	17 公克	1.7%
水	560 公克	56%
無鹽奶油	70 公克	7%
核桃	300 公克	30%
蜂蜜丁	300 公克	30%

製程

- 攪拌（攪拌完的麵團溫度為 26℃）。
- 第一次基本發酵 60 分鐘。
- 翻面。
- 第二次基本發酵 30 分鐘。
- 分割。
- 中間發酵 30 分鐘。
- 整形。
- 最後發酵 60 分鐘。

做法
2. 發酵

第一次基本發酵：麵團溫度 28℃，靜置 60 分鐘。

麵團倒扣於工作桌，輕拍麵團，讓空氣平均分布在麵團裡。

翻面，先左右對折再上下對折，讓麵團中的酵母再一次醒發。

第二次基本發酵：將翻面的麵團靜置 30 分鐘。

第二次基本發酵完成後，再依將要製作的麵包尺寸，進行分割。

做法
3. 分割

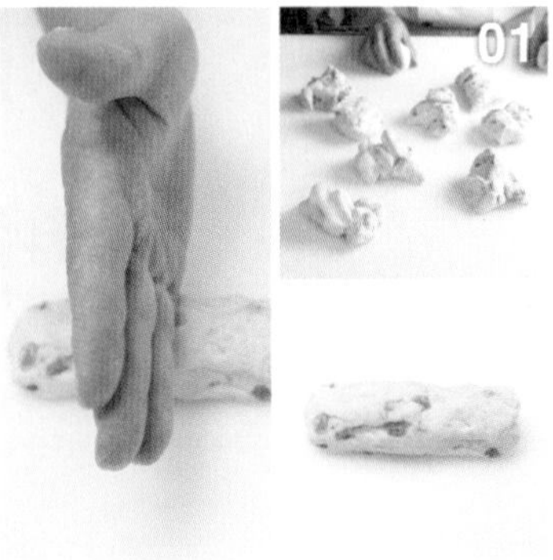

分割麵團，每塊為 30 公克。

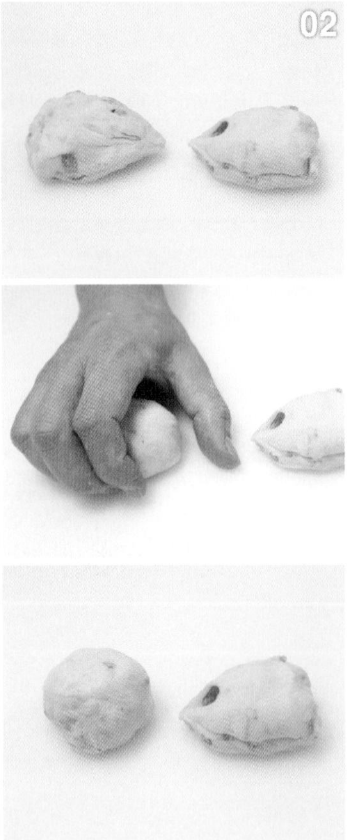

將分割後的麵團輕揉成圓形，靜置進行中間發酵 30 分鐘。

做 法
4. 整形

輕拍麵團，滾圓。

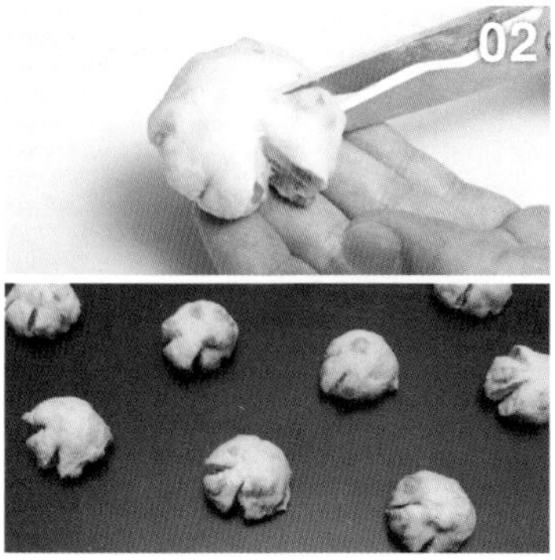

將麵團剪 2 刀，將整形完成的麵團放入烤盤。

放入溫度 38℃、濕度 80% 的發酵箱內，最後發酵 60 分鐘。

做 法
5. 烤焙

麵團烘烤前先刷全蛋液。

將麵團送入烤箱，以上火 250℃、下火 220℃，烤 11 分鐘。

散發特殊甜味的蜂蜜核桃麵包。

可頌麵包

我曾在天寒地凍裡，和可頌談了一場刻骨銘心的戀愛，苦苦追求，只為了讓它如花朵般，綻放美麗的笑靨。

學習路上最大的鐵板

可頌麵包是我麵包學習路上最大的一塊鐵板。我心嚮往的，是像一曲巴黎香頌般輕快、短口（一咬就斷）的可頌，奶油均勻又完美地撐開一層又一層的麵皮，沾上野蜂蜜、配著黑咖啡，馬上讓人有戀愛的感覺。

但我總是不得其門而入，遍尋不到那把可以進入可頌麵包懷抱的鑰匙。

可頌麵包和奶油，都源自寒冷的北歐，食材特性反映出當地的氣候和飲食習慣，在那個極度需要熱量的國度，才會發展出在麵團中一層一層裹上奶油的麵包做法，而奶油遇高溫就融化、麵團就會跟著萎縮，做出來的可頌麵包美味和美觀都會失色，如何能讓奶油與麵團完美結合、你儂我儂，便是最大的挑戰。

可頌麵皮的折數，會影響成品的口感，各有喜好不同。我喜歡四折的可頌，除了外觀呈現的折紋最誘人，麥香和奶油能完全融合，咬起來不拖泥帶水，又能咀嚼出奶香和麥香。

但早年，我做出來的可頌像月亮，初一、十五都不一樣，今天彷彿玫瑰花才要吐蕊，明天就憔悴枯萎。我心中有無數個困惑，沒有人可以給我答案，我決定纏鬥到底，用土法煉鋼、窮追猛打的手法，得到答案。

每晚八、九點，在麵包店打烊後，我就跑到工廠加班練功。為了讓可頌麵包裡一層又一層的奶油不會融化，得待在攝氏六度的冷藏室裡做麵包，連夏天都要穿上厚外套，在冰冷的工廠裡反覆練習壓麵、整形，一心只顧著和麵團戀愛。

那種奇妙的感受至今記憶深刻。在偌大空曠的工廠裡，鴉雀無聲、空無一人，我一遍又一遍地壓麵、裹油、分割，彷彿置身在浩瀚無邊的宇宙中，追尋一個想像中的味道和美麗，期待一個未知的明天。啊，可頌啊可頌，真的好誘人，讓我無怨無悔地重複試做。

但我還是不斷地失敗，完全沒有辦法做出美味的可頌麵包，一次又一次，不是口感太Q，就是外形不夠漂亮。在無人的夜裡加班苦練了快五年，工廠依舊空蕩蕩、冷冰冰，沒有因為我的努力而給我一絲溫暖的回應；我還是敲不開可頌麵包的芳心，屢做屢敗、屢敗屢做，我沒有傷心或想要放棄，只想找出答案。

從失敗中累積成功的智慧

幾年後，我去日本進修才發現，我當時怎麼苦練都不可能會成功，因為我根本用錯了原料。因為當時所學的知識有限，所以在選用麵粉時，沒有注意可頌麵包需要的口感和特性，所以做出來的外觀會縮、口感過Q，選錯了武器，注定是怎麼都打不贏的仗。

我不後悔自己那段「傻傻愛」的歲月，就算是錯，它也是個「美麗的錯誤」，如果不曾經歷這麼一段，往後的我不會體悟，尋得一個對的方法有多麼珍貴；而夜復一夜的壓麵、裹油，也磨練了我的技法讓它更加純熟。沒有什麼努力會是全然的徒勞，我如此深信。

我很喜歡一句話：失敗是智慧的累積，「一千次失敗，能有一次成功就足夠了。」那段日子也讓我對「挫折」容忍度大增，體認到失敗是正常的歷程，爾後我在創作和學習的過程中，仍然遇到無數的失敗，再不會因此而感到沮喪或絕望。

幾年後，我終於追求到了心目中理想的可頌麵包，因為受到日本麵包師傅野上智寛及加藤一秀師傅的指導，包括對麵粉專業知識的精進，跟不斷累積奠下的基礎，終於敲開了最後一扇門，通往了成功。

我還記得那一天的心情，做出第一個我心中百分之百的可頌麵包時，心頭像被一陣輕風吹拂、豁然開朗，「原來追尋了那麼久的東西，只是一個觀念而已。」

在麵團裡融入個人情感

雖然花了那麼長的時間，付出了五年的青春，但這一課讓我學習到的，不僅僅是如何做出美味的可頌麵包，還讓我明白了要做出好吃的麵包，單單只靠技術是不足夠的，還要了解食材的物理性和酵母化學變化，才能達到隨心所欲的境界。

出這本書的初衷，就是想把自己過去數十年來在麵包學習之路上，從挫折、失敗中累積得來的知識釋放，告訴大家，我經驗累積出來做麵包的最基本概念，如果有什麼人能夠因此減少一些些摸索的時光，我便心滿意足。

我並不害怕，把所知道的一切公諸於世，就會失去自己的優勢。因為做麵包雖然不能缺乏知識和技術，但光是如此仍是不足，它還含有情感的部分，就算把技術和知識公開，我依然保有我的風格、特色，因為那麵團裡融入屬於我個人獨一無二的情感，要從老麵和產品中變出什麼花樣，都在我的手掌之中。而你，也和我一樣。

可頌麵包麵團

環境

室內溫度 26-28℃

材料

鳥越鐵塔麵粉 ……	800 公克	80%
無鹽奶油 ……………	30 公克	3%
砂糖 …………………	80 公克	8%
鹽 ……………………	17 公克	1.7%
鮮奶 ………………	250 公克	25%
新鮮酵母 ……………	40 公克	4%
麥芽精 ………………	3 公克	0.3%
水 …………………	120 公克	12%
法國麵包麵團 ……	342 公克	34.2%

（做法見 P30，並經過 5℃冷藏 12 小時）

製程

- 攪拌（攪拌完的麵團溫度為 23℃）。
- 第一次基本發酵 30 分鐘。
- 分割。
- 以 5℃冷藏 12 小時。
- 裹油 450 公克。
- 壓麵。
- 冷凍靜置 60 分鐘。

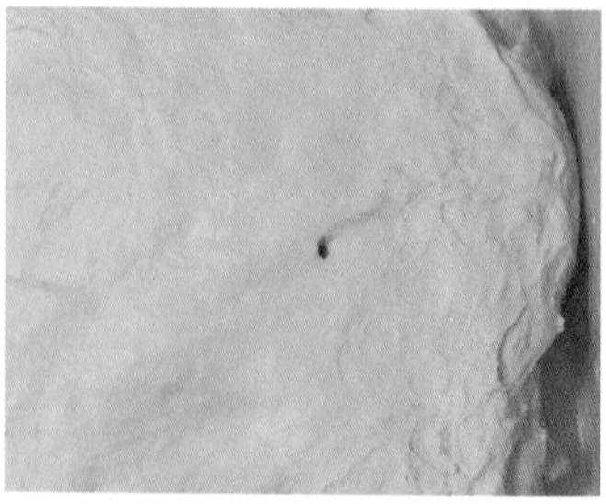

做法

1. 攪拌

01

將麵粉、無鹽奶油、砂糖、麥芽精倒入攪拌機，慢速攪拌 7 分鐘，直至麵粉和奶油完全融化。

02

倒入鮮奶及水，慢速攪拌 3 分鐘，至麵粉完全溶解沒有顆粒。

03

將新鮮酵母敲碎放入，再把法國麵包麵團一小塊一小塊地加入，拌勻。

04

暫停攪拌，讓麵團靜置 15 分鐘。加入鹽，再慢速攪拌 2 分鐘。麵團溫度為 23℃。

做法
2. 發酵

01

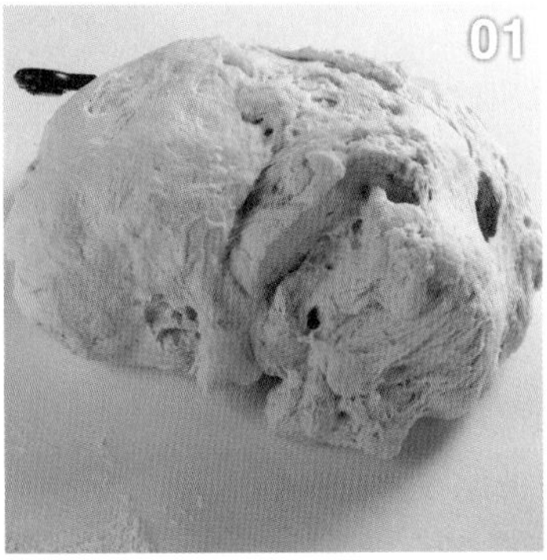

第一次基本發酵：靜置 30 分鐘。

做法
3. 分割

01

將麵團取出，分割一塊 1683 公克的麵團，揉成圓形。

02

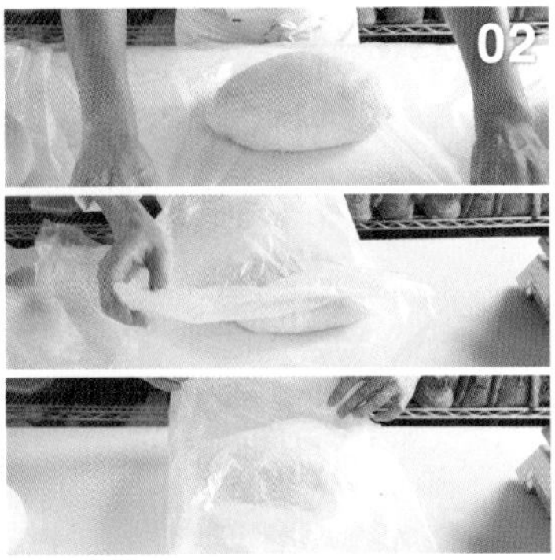

輕拍後以塑膠袋包起，以免麵團吹風，但切記要在袋內保存一點空間。麵團置於 5℃冷藏庫低溫發酵 12 個小時。

做法
4. 裹油

加材料：無鹽奶油 450 公克

（室溫改為 15℃以下）

01

將丹麥壓麵機刻度調至「5」，送入麵團壓成 50 公分 ×50 公分的四方形麵皮。

02

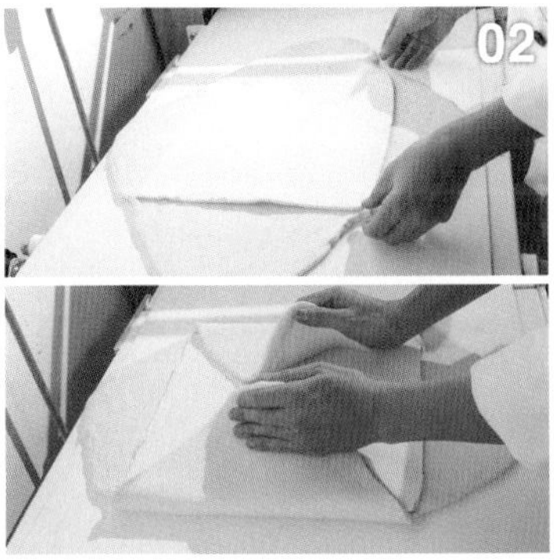

將麵皮轉成菱形，把 450 公克的無鹽奶油鋪在正中央，再將四側麵皮折起覆蓋住奶油。

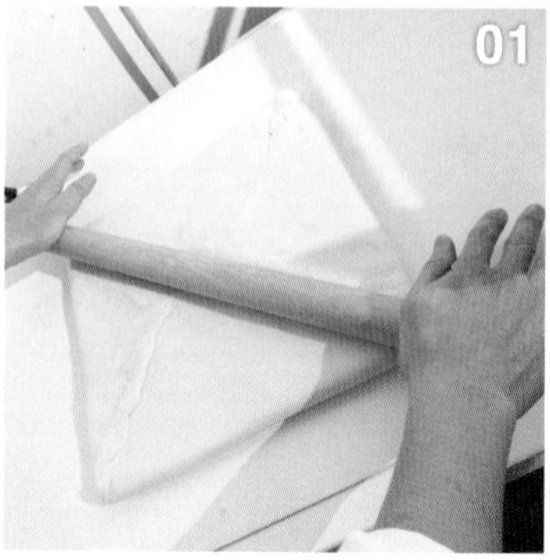

以擀麵棍將折縫處壓平，讓麵皮與奶油能夠完全貼合。

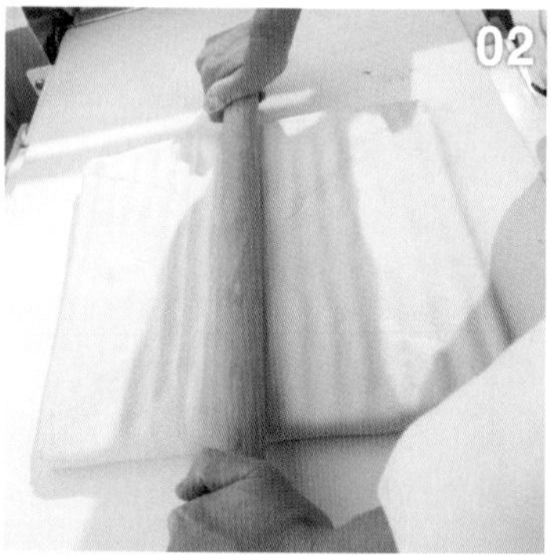

將裹油的麵皮壓平，把空氣完全擠出後翻轉至背面。

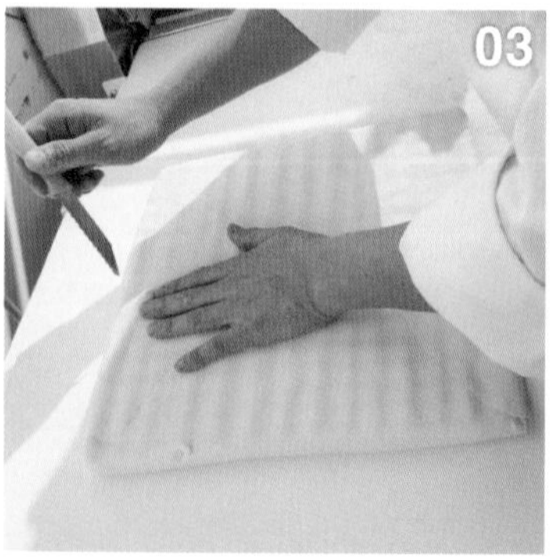

翻轉至背面後再擀平。若麵皮裡有氣泡，可以小刀將空氣擠出。

壓麵機刻度調至「11」，將麵皮先送進一半壓平，取出麵皮後再擀壓一次。

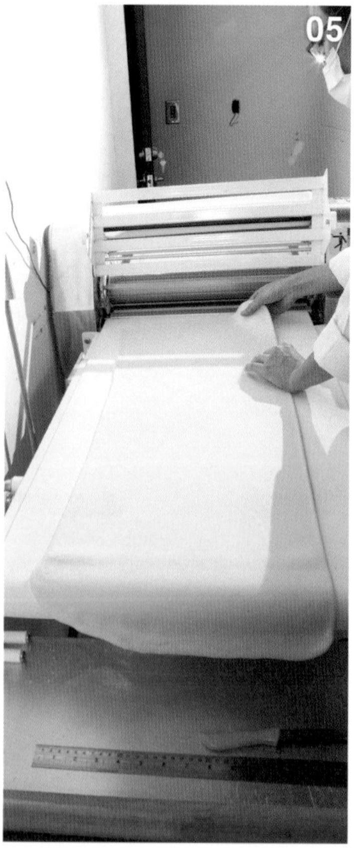

將壓麵機刻度調至「4」，把麵皮送入壓平。

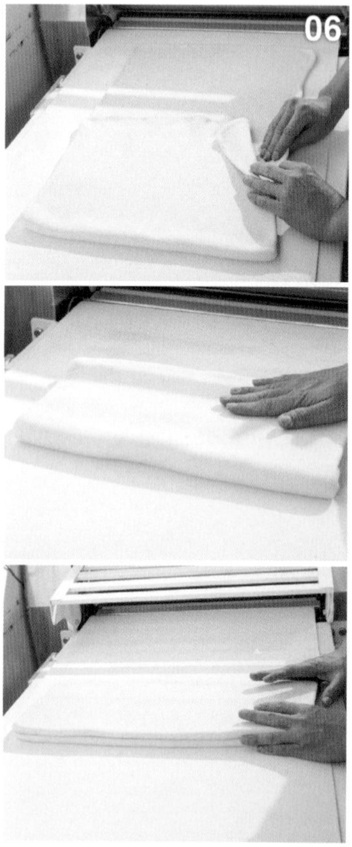

將麵皮由左向右折 2/3，再由右向左折 1/3，兩方不能重疊，之後再將麵皮對折。務必完全對齊，把空氣擠出。

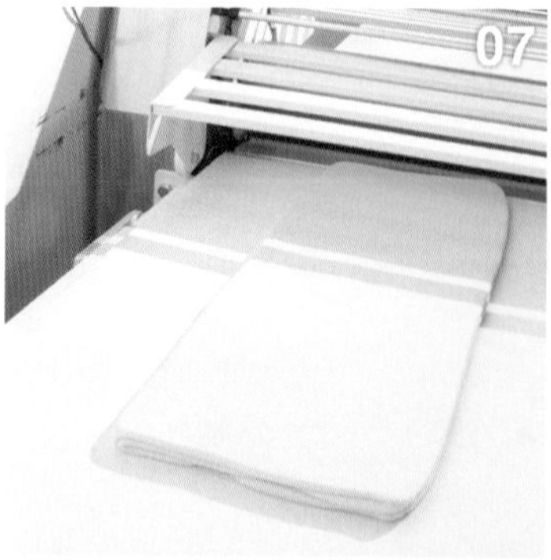

將壓麵機刻度調至「18」，再將麵皮送入，壓成 24 公分寬。

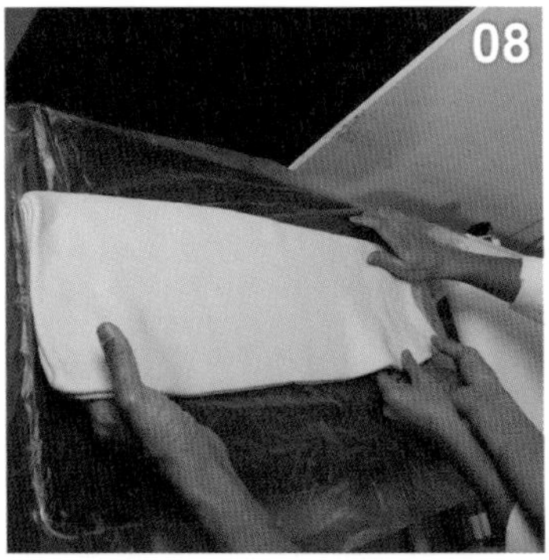

將麵皮放置 -18℃冷凍庫靜置 60 分鐘，再重複壓麵做法 05 ～ 07。再放進冷凍庫，靜置 60 分鐘，可頌麵皮即完成。

原味可頌麵包

做法

1. 先整形後分割

環境

室內溫度 15℃以下

材料

可頌麵皮 ······················· 50 公克
（做法見 P90）

製程

- 整形。
- 分割。
- 最後發酵 70 分鐘。
- 烤焙。

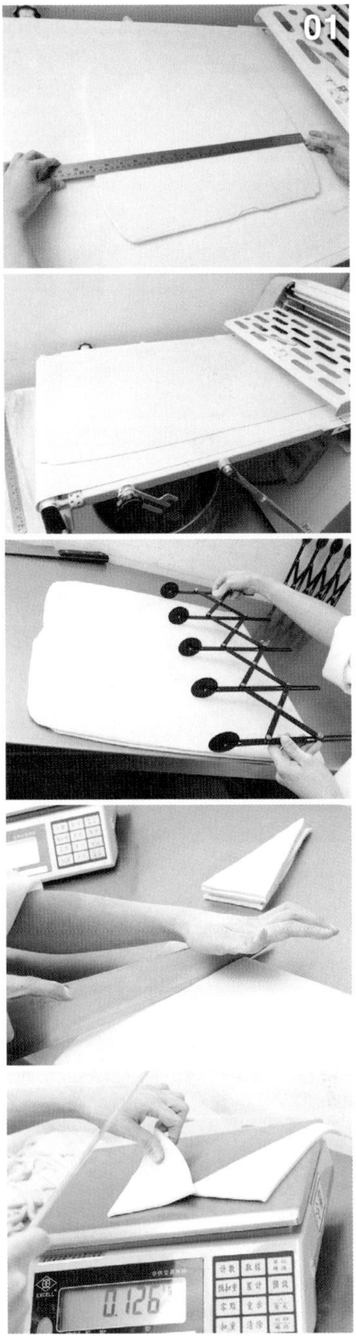

取出麵皮，用壓麵機調至寬 48 公分，刻度調至「3」；麵皮再用牛刀切成一塊長 22 公分、寬 10 公分、重量約 50 公克的三角形狀，約 32 個。

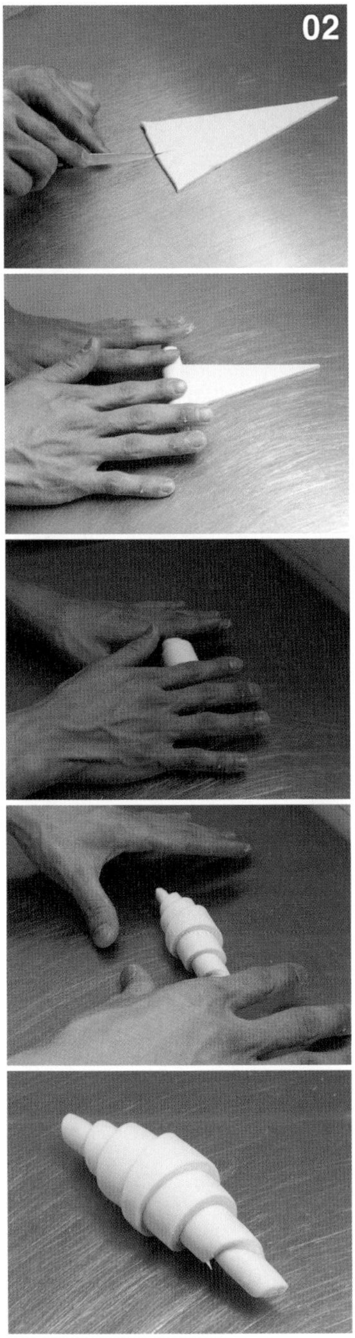

將可頌麵皮底部中間劃開 1 公分，由內向外捲起成牛角形。

做法
2. 發酵

將整形完成的可頌麵皮，在溫度 28℃下做最後發酵 70 分鐘。

做法
3. 烤焙

在進烤爐之前，麵皮先確認不能有濕氣，表面再塗上全蛋液，不要塗到邊緣處，才能展現顏色的層次感。 以上火 240℃、下火 170℃，烤 20 分鐘。

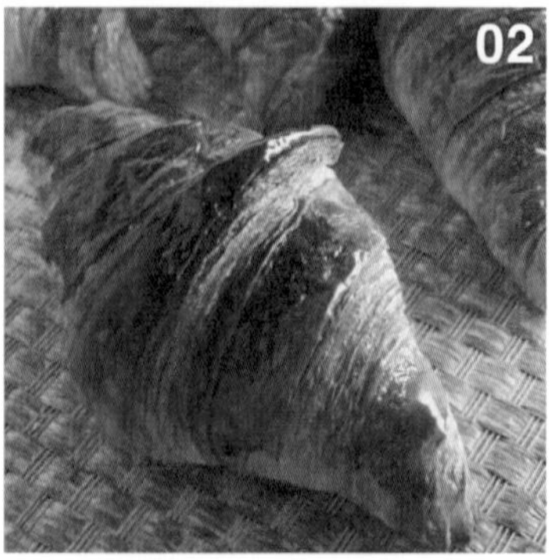

飽含奶味卻不油膩的原味可頌。

寶春師傅叮嚀

自裹油到整形的製作程序，需要在室溫 15℃以下的溫度進行為佳，若高於 15℃以上，奶油容易因高溫融化，麵團不易操作，既影響整形，又會破壞可頌的酥脆度。

杏仁可頌麵包

環境

室內溫度 26-28℃

材料

原味可頌麵包 …………………… 1 個
（做法見 P94）
杏仁泥…………………………… 20 公克
（做法見 P224）
克林姆餡………………………… 20 公克
（做法見 P220）
杏仁片 ………………………… 3 公克
糖粉 …………………………… 3 公克

製程

- 填充餡料。
- 烤焙。
- 裝飾。

做法

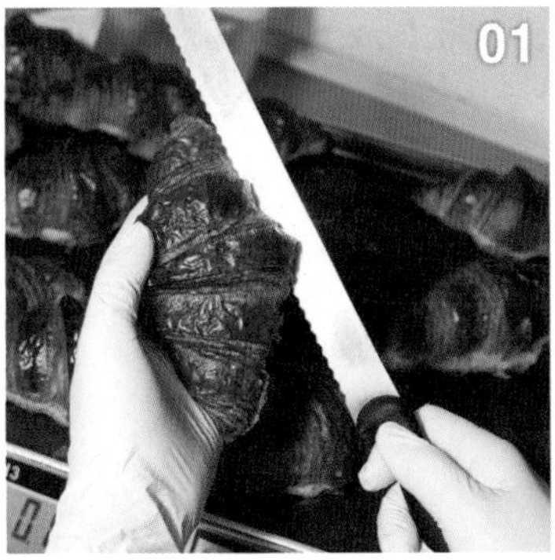

將原味可頌對半切，不要完全切斷，保留 1/4。

中間擠入 20 公克的克林姆餡。

外層擠上 20 公克的杏仁泥後，再灑上杏仁片。

做法

烤焙

送入烤箱時底部要加三塊鐵盤，以上火 220℃，下火不開，烤 14 分鐘。

烘焙完成後在表面灑上糖粉，外皮酥脆，內層柔軟多層次的杏仁可頌麵包即可上桌。

寶春師傅叮嚀

因為可頌麵包已烤焙過，送入烤箱時底部要加三塊鐵盤，以免過焦。

草莓可頌麵包

環境

室內溫度 15℃以下

材料

可頌麵皮 ························ 40 公克
（做法見 P90）
新鮮草莓 ························ 2 至 3 顆
杏仁泥 ··························· 20 公克
（做法見 P224）
克林姆餡 ························ 20 公克
（做法見 P220）
果膠 ································ 1 公克
新鮮巴西里 ························· 1 朵

製程

- 整形
- 最後發酵 70 分鐘。
- 烤焙。
- 裝飾。

做法

1. 整形

將壓麵機調至刻度「1.5」，分割出 10×4.25 公分的長方形麵皮，做為麵包的底部。

做出 10×1.75 公分的長方形麵皮，對折後中間劃開一刀。將麵皮拉開後中間鏤空，做為麵包表層的邊框。

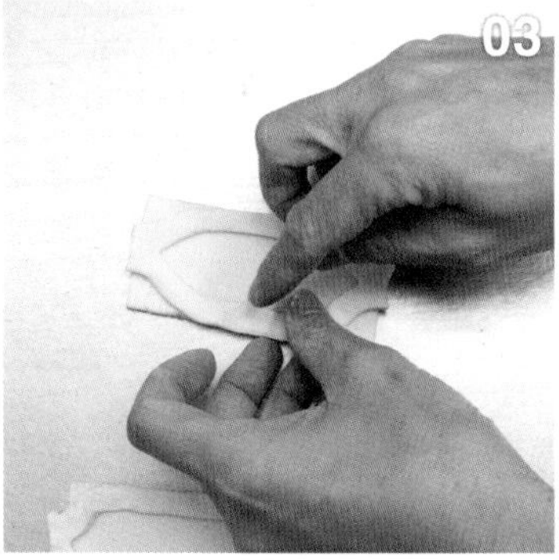

將麵皮邊框黏至底皮四周。

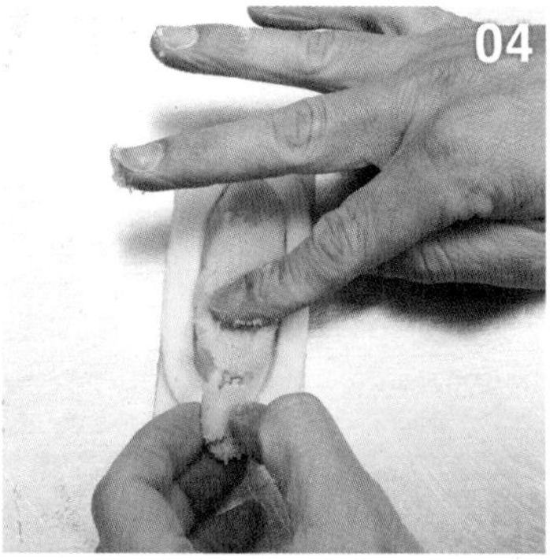

將 8 公克的杏仁泥均勻地塗入框內。

做法
2. 發酵

（室內溫度 26-28℃）

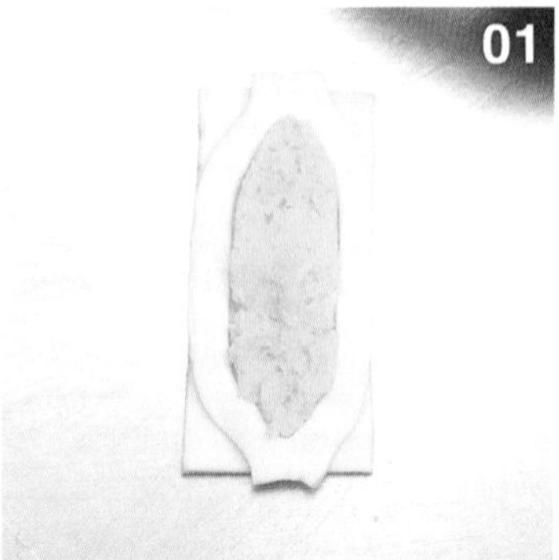

在溫度 28℃的發酵箱中做最後發酵 70 分鐘。

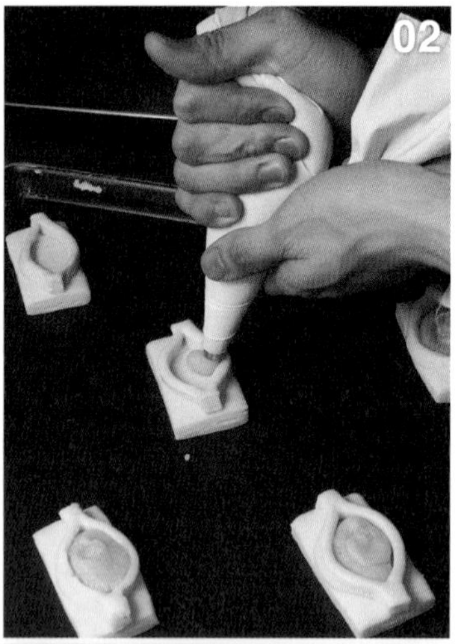

再次填入 12 公克的杏仁泥。

做法
3. 烤焙

最後發酵完成的麵皮，在烤焙前於表面塗上全蛋液，以上火 240℃、下火 170℃，烤 30 分鐘。

烤焙完成取出後，以紙遮住中間杏仁泥處，開始灑上糖粉，讓糖粉只灑在四個邊。

擠上 20 公克的克林姆餡。

將清洗過後的草莓瀝乾，對切後擺上。

在草莓上塗上果膠。

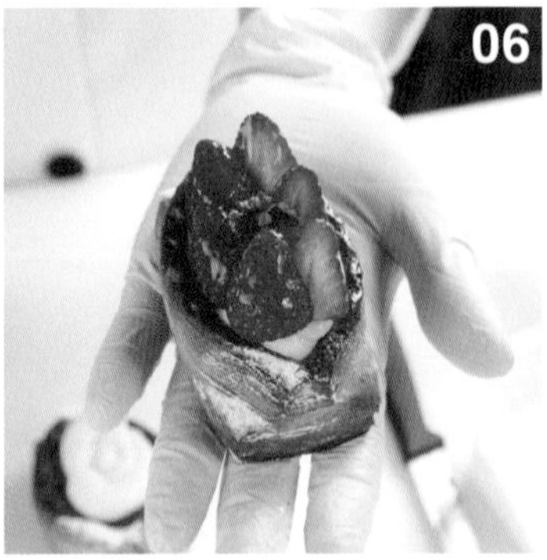

放上巴西里點綴。

寶春師傅叮嚀

1. 在做草莓可頌麵包時，中間的杏仁泥要分兩次擺放，整形好後做第一次杏仁泥填平，目的是讓麵團不會變形。發酵好、入爐前要烤時再擠第二次，因為後來麵團發酵後膨脹得比較高，那時再補滿餡料即可。
2. 烘烤任何一款可頌麵包，需要隨時注意麵包的著色程度。如著色太快，需適時調降爐火溫度。

新鮮的草莓可頌麵包。

德國香腸可頌麵包

環境

室內溫度 15℃以下

材料

可頌麵皮 …………………… 40 公克
（做法見 P90）
德國香腸 ………………………… 1 條
芥末子醬 ……………………… 5 公克
新鮮巴西里 ……………………… 1 朵

製程

- 整形
- 最後發酵 70 分鐘。
- 烤焙。
- 裝飾。

做法

1. 整形

將壓麵機調至刻度「1.8」，以派餅模型，壓出直徑 10 公分的圓形麵皮。

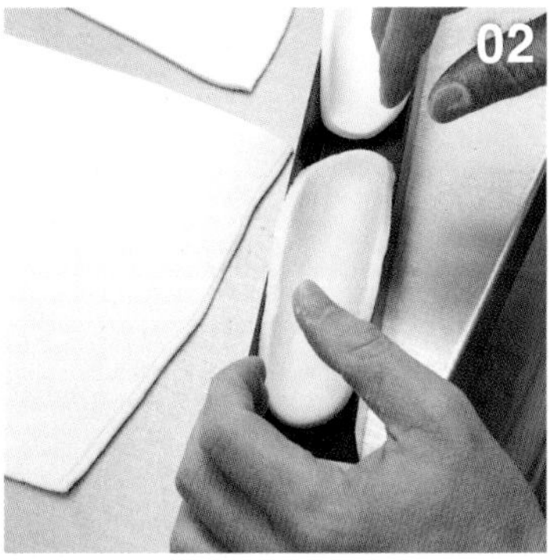

將圓形麵皮放入 4×4 公分的方形模盒。

做法
2. 發酵
（室內溫度 26-28℃）

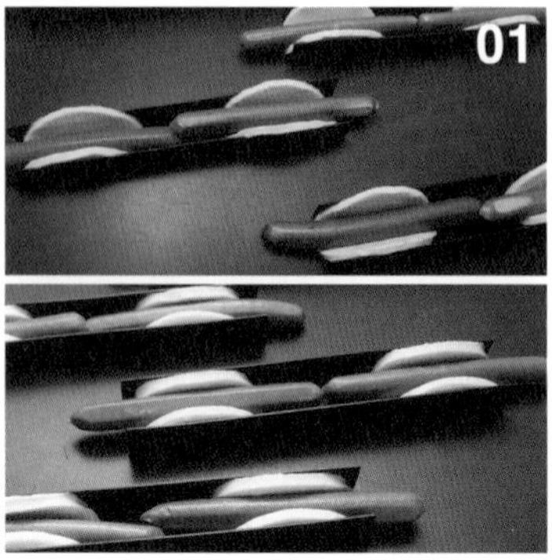

在溫度 28℃的發酵箱中做最後發酵 70 分鐘。

做法
3. 烤焙

將德國香腸放在麵皮中間。

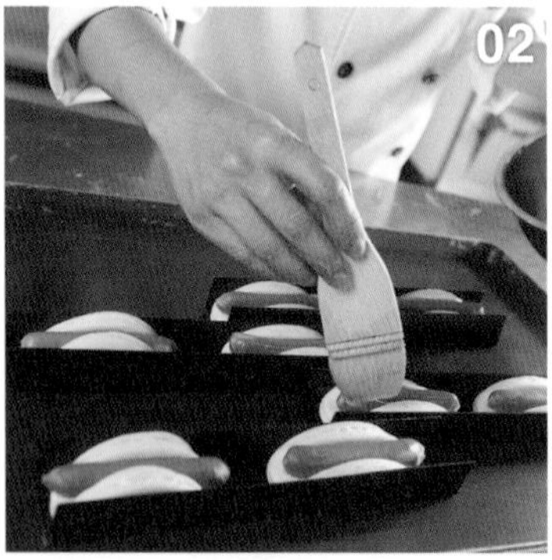

在麵皮表層塗上全蛋液。以上火 220℃、下火 180℃烤 20 分鐘。

做法
4. 裝飾

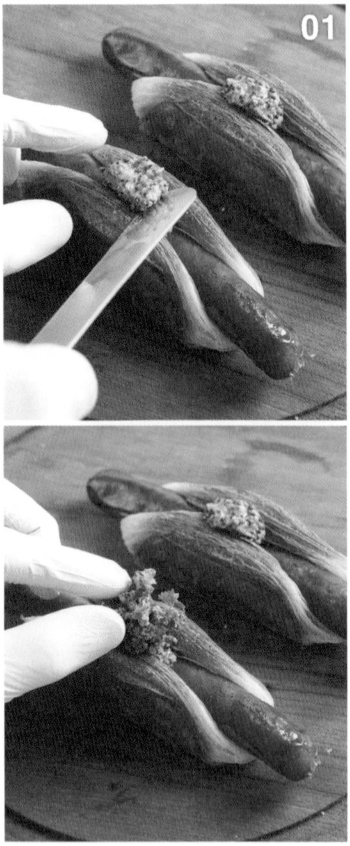

在麵包上層抹上少許芥末子醬，再擺上巴西里點綴即可上桌。

吐司

柔軟、方便的吐司，是麵包中最親民的一款。它源自於英國，也被稱為「英式吐司」，英國文學家認為，吐司是工業革命下的產物，它能夠送入工廠烤模的生產線，讓麵包從手工業時代跨入大量製造的時代。

早年，台灣稱吐司為「俗麪」，不僅因為它最便宜，而且最容易「廢物利用」。一旦賣不完，隔天拿來包上火腿、起司、生菜，做成三明治；或是刷上奶油，做成烤吐司，一物三賣。

當時的吐司缺乏個性，麵包工廠為了縮短時間成本，都使用短時間發酵的中種法，讓吐司的口感單一，全都一味追求濃、醇、Q。

其實吐司非「俗物」，而是可塑性十足的麵團，使用不同的製法，添入不同的食材，就能讓它變成千面女郎，展現截然不同的風情。

不簡單的吐司

教我吐司其實一點也不簡單的，是日本國寶級的麵包師傅平友治。我曾到東京求教於他，初次嚐到他做出的吐司，如棉花般在口中溶化，回香，白皙，清爽，又有彈性的牛奶吐司。才知道平友治師傅使用「直接法」做這款吐司，讓麵團長時間發酵，再加入大量新鮮香醇的鮮奶，這種方法做出的吐司，雖然工序簡單，但香味比較輕柔、口感也比較綿密。

同時，他們所做的三明治在吐司夾著餡料時幾乎不會分離，口感又比一般吐司更鬆軟，一口咬下，麵包完好地緊密包住內餡，咀嚼後餡料勻均混著麵香。原來，三明治不是夾著料的吐司，而該是獨立又完整的一款麵包系。

打聽後發現，在日本，不會用賣不完的剩吐司去做三明治，反而會特別針對三明治磨製專用的三明治麵粉，甚至量身計算出最合適的模具容積比。

一般吐司麵粉會使用吐司粉百分之八十、法國專用粉百分之二十，其中法國專用粉的蛋白質比例為百分之十一；但日本選用做為三明治專用粉的吐司料，蛋白質比例較高，為百分之十二、灰分則為百分之零點三，因為蛋白質比例稍高，才能讓麵團較為細緻。

另外，他們為了做三明治烤焙的吐司，放入吐司模具中的麵團容積比也比一般吐司麵包低，如此烤出來的吐司較為輕、鬆、軟，如此才能更緊密包覆住餡料。每一口讓人感動的滋味，都來自嚴謹且科學的態度。

所以，吐司怎會是「俗麪」，它「高竿」得不得了。我做了二十多年的麵包，才認識真正的它，開始學習重新面對。回台灣後的我很掙扎，要把過去數十年的慣性推翻，讓手中的吐司呈現新氣象，結果足足花了二、三年的時間，我才融會貫通、調整心態和技術，把新的觀念和舊的技法結合，針對不同的吐司使用不同的製法，呈現出不同的風貌。像鮮奶吐司使用了中種法，黑糖吐司則用加了熟麵的湯種，一個輕軟，一個Q彈，讓客人依自己偏好，帶回最合意的吐司。

光是一味地抄襲，很難青出於藍。學做麵包一方面要摒除成見、開闊胸襟，見到值得學習的不能視而不見；但要吸取別人的優點，化為自己的資產，最終還是要融入自己的情感和想法，我始終堅持這個原則。

從成長記憶取材的甜蜜「紀念款」

黑糖吐司的研發，也是從我成長記憶中取材的「紀念款」麵包。

我對黑糖有特殊情感的連結，它既是我童年唯一的「甜蜜」記憶，也是我對母親辛勞的永恆感念。

母親長期耕作勞動養活我們一家，台灣尾的夏天如火爐，在果園裡忙農事就像穿心火，不喝點清涼退火的飲品，根本撐不住。黑糖就是一味退火的良品，滲入青草裡，讓母親可以忍住火燒的烈日，和園裡的鳳梨一起奮鬥。

在我那個貧窮又匱乏的童年，吃不起一般孩子們都愛的糖果，但家裡總會備有同樣含起來甜滋滋的黑糖，是我唯一能嚐到「甜頭」的機會，常去偷吃廚房裡的黑糖，萬一被媽媽發現了，就說：「天氣太熱，快中暑了。」就能免去一頓罵。

母親忙工作，總會煮上一大鍋白粥，早餐吃不完，還能放著當點心。一鍋無味無料的白粥，只要加入黑糖，瞬間就變成紅通通、甜滋滋的點心，彷彿人生也從黑白變彩色，讓我足以抵擋家鄉的酷暑和家中的赤貧。

隨時歲月流轉，心中仍惦記童年中的甘甜滋味。「我一定要做出一款黑糖麵包」，紀念苦中微甜的童年，這個心願一直擱在心裡，不曾忘懷。

研發新的吐司麵包時，我立即就想到存放在記憶和承諾裡的黑糖。「我想做出一款像麻糬一樣內心Q彈、一口咬下黑糖還能汩汩溶出的吐司。」我對自己說。

結果光是尋找可以溶化得恰恰好的黑糖，就煞費苦心。黑糖顆粒太大，包入麵團裡送入烤焙後，會融不掉，一口咬下，如嚼食一顆顆方糖。顆粒太小，麵團烤久糖會如熔岩爆漿；溶得過度，也會破壞黑糖的味道；但若烤的時間不足，麵心不熟，根本無法入口。

我尋覓了許久，找到一家位於台南南化山區的手工黑糖，用龍眼木柴燒、熬製，再切出最合適的大小，我把黑糖顆粒包在吐司麵團裡，終於做出如同麻糬般軟Q，一口咬下，又能讓黑糖恰如其分溶入口中的黑糖吐司。

啊，我童年的甜蜜滋味和我習得的吐司新技，都融合在這款黑糖吐司裡。

早餐吐司

環境

室內溫度 26-28℃

材料

鳥越純芯麵粉	1000 公克	100%
砂糖	60 公克	6%
鹽	20 公克	2%
水	690 公克	69%
無糖優酪乳	30 公克	3%
脫脂奶粉	30 公克	3%
新鮮酵母	25 公克	2.5%
無鹽奶油	60 公克	6%

製程

- 攪拌(攪拌完的麵團溫度為 26℃)。
- 第一次基本發酵 60 分鐘。
- 進行分割。
- 中間發酵 15 分鐘。
- 整形。
- 最後發酵 60 分鐘。
- 烤焙。

做法

1. 攪拌

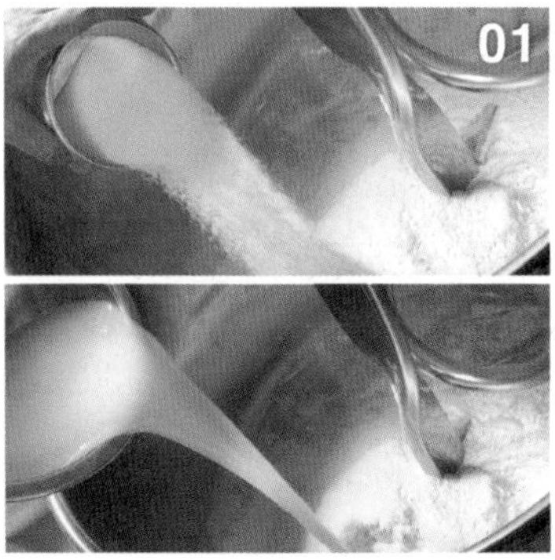

先將麵粉、砂糖、鹽、脫脂奶粉倒入攪拌機中，再將無糖優酪乳與水混合後，倒入攪拌機慢速攪拌 3 分鐘。

慢速攪拌第 2 分鐘時，加入新鮮酵母。

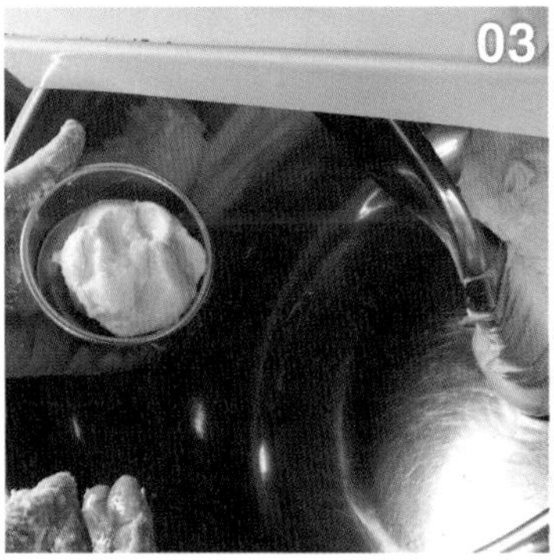

慢速攪拌 3 分鐘後加入無鹽奶油，再慢速攪拌 1 分鐘後，快速攪拌 5 秒鐘。

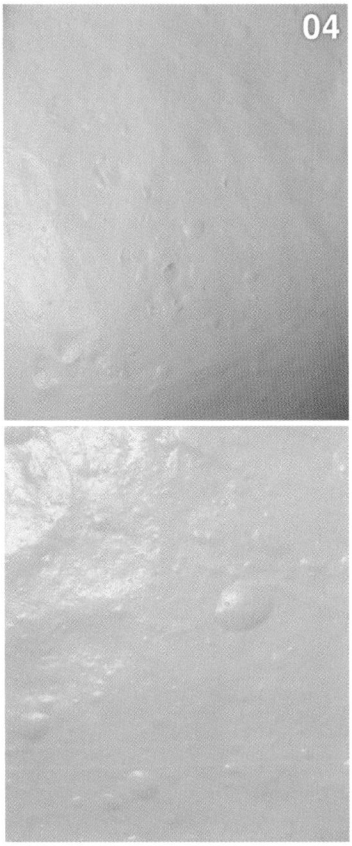

麵團成形，測量溫度確認為 26℃，進行第一次基本發酵 60 分鐘。

做法
2. 分割

將發酵後的麵團，每塊分割出 210 公克，每條吐司需用到 6 塊麵團。

做法
3 滾圓

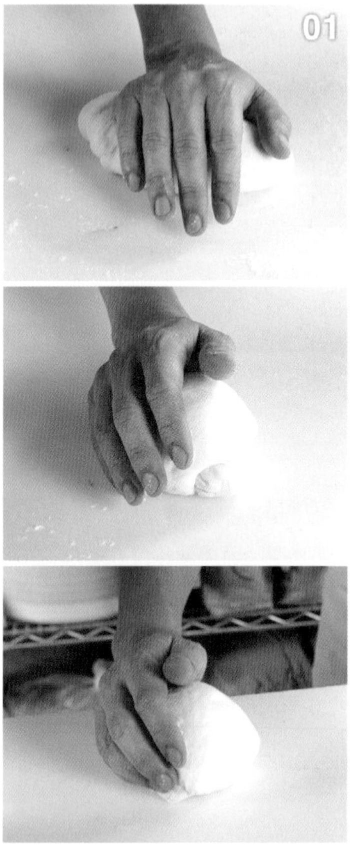

以右手掌緣壓住麵團，往右向同心圓方向滾成一個圓形。

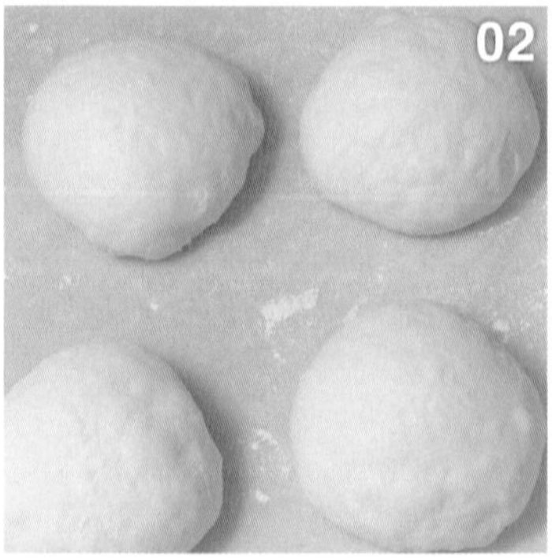

將圓形麵團進行中間發酵 15 分鐘。

做法
4. 整形

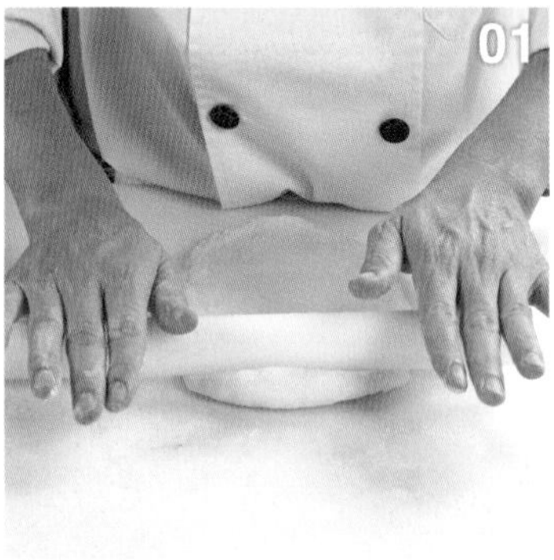

將麵團取出，用擀麵棍擀平。

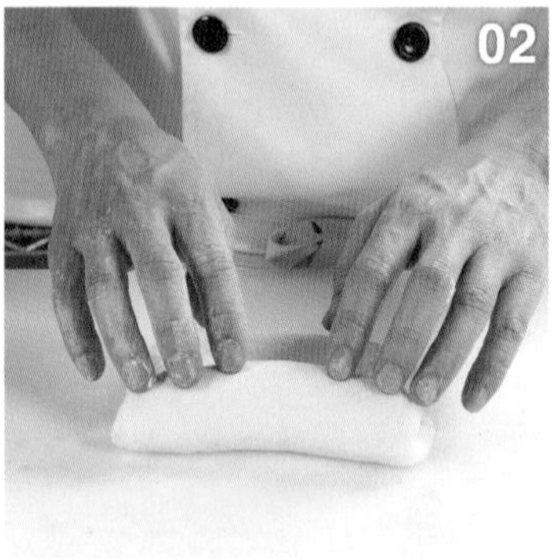

將麵團捲起，讓其靜置 5 分鐘。

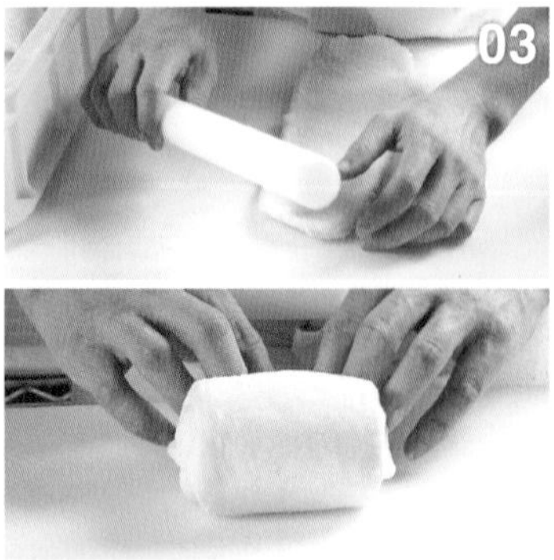

再將麵團擀成長條狀後，捲起麵團。

做法
5. 烤焙

入爐前先將吐司模加蓋。

將麵團送入烤箱，以上火 290℃、下火 270℃，烤 43 分鐘，鬆軟綿密的早餐吐司隨即完成。

將捲好的 6 塊麵團放入吐司模。切記要由兩側往中間放（吐司模型型號為：三能 SN2004）。

放入溫度 38℃、濕度 80% 的發酵箱中，進行最後發酵 60 分鐘。

台灣毛豆麵包

環境

室內溫度 26-28℃

材料

烏越純芯麵粉	1000公克	100%
砂糖	60公克	6%
鹽	20公克	2%
水	690公克	69%
無糖優酪乳	30公克	3%
脫脂奶粉	30公克	3%
新鮮酵母	25公克	2.5%
無鹽奶油	60公克	6%

備料

大麵團	50公克
小麵團	20公克
台灣9號毛豆	25公克
無鹽奶油	5公克
黑胡椒粒	適量

製程

- 攪拌(攪拌完的麵團溫度為 26℃)。
- 第一次基本發酵 60 分鐘。
- 進行分割。
- 中間發酵 15 分鐘。
- 整形。
- 最後發酵 60 分鐘。
- 烤焙。

做法

1. 攪拌

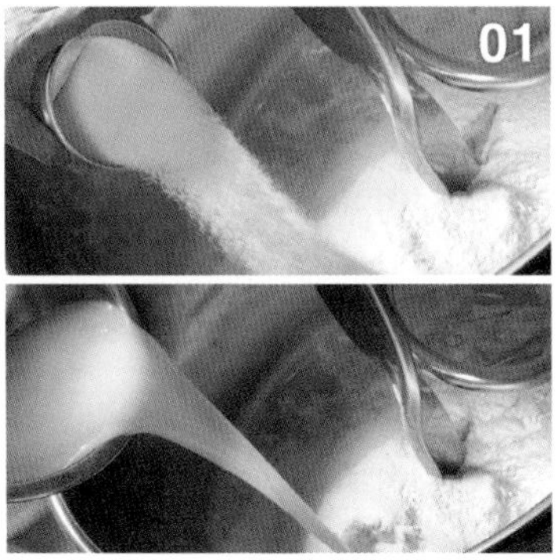

先將麵粉、砂糖、鹽、脫脂奶粉倒入攪拌機中，再將無糖優酪乳與水混合後，倒入攪拌機慢速攪拌 3 分鐘。

慢速攪拌第 2 分鐘時，加入新鮮酵母。

慢速攪拌 3 分鐘後加入無鹽奶油，再慢速攪拌 1 分鐘後，快速攪拌 5 秒鐘。

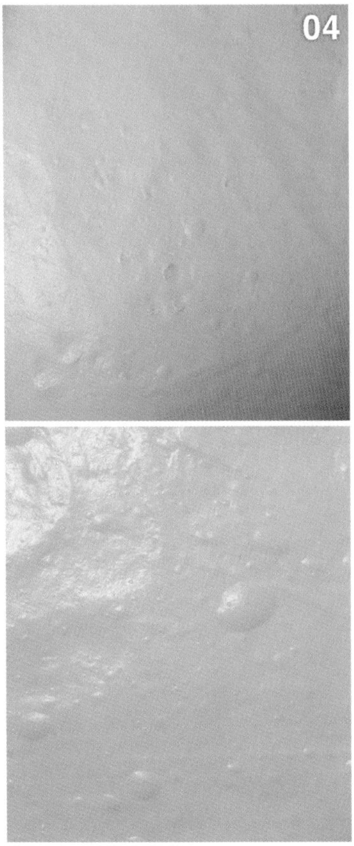

麵團成形，測量溫度確認為 26℃，進行第一次基本發酵 60 分鐘。

做法
2. 分割

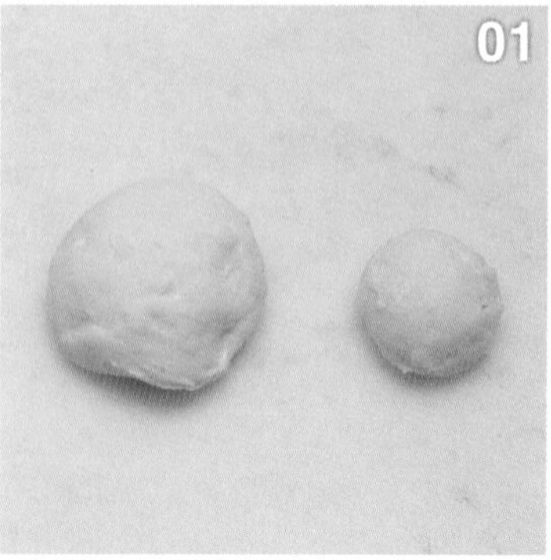

將吐司麵團分割出 20 公克、50 公克的一小一大麵團。

做法
3. 滾圓

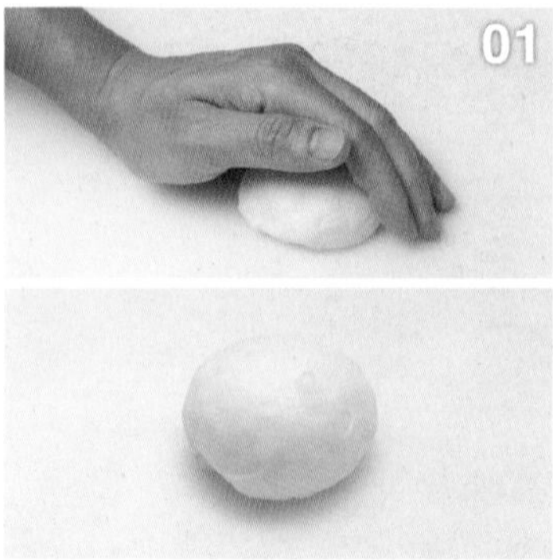

以右手掌緣壓住麵團，往右向同心圓方向滾成一個圓形（大小麵團皆同此做法）。

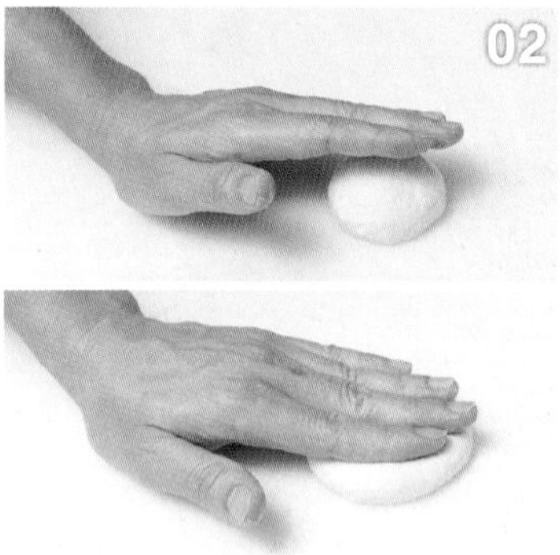

將大塊麵團壓平，輕拍出麵團空氣，揉成巴掌大的圓形。

壓成扁平狀的大塊麵團，包入 25 公克的台灣 9 號毛豆（預先將毛豆與適量的黑胡椒粒拌勻），捏合麵團使成圓形。

做法
4. 整形

將圓形麵團進行中間發酵 15 分鐘。

再將麵團擀平，中間包 5 公克無鹽奶油。

做 法
5. 烤焙

將麵團送入烤箱，以上火 200℃、下火 210℃，烤 12 分鐘。

用本土食材台灣 9 號毛豆做出的麵包出爐了！

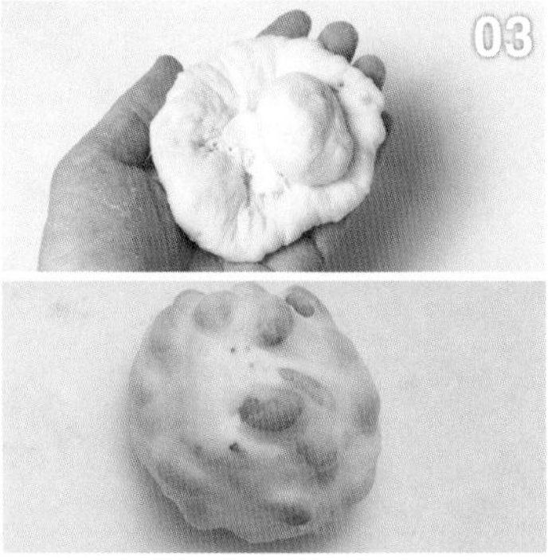

將小麵團包入大麵團中間。

在麵團上沾上些微麵粉。

放上烤盤，再放入溫度 38℃、濕度 80% 的發酵箱中，進行最後發酵 60 分鐘。

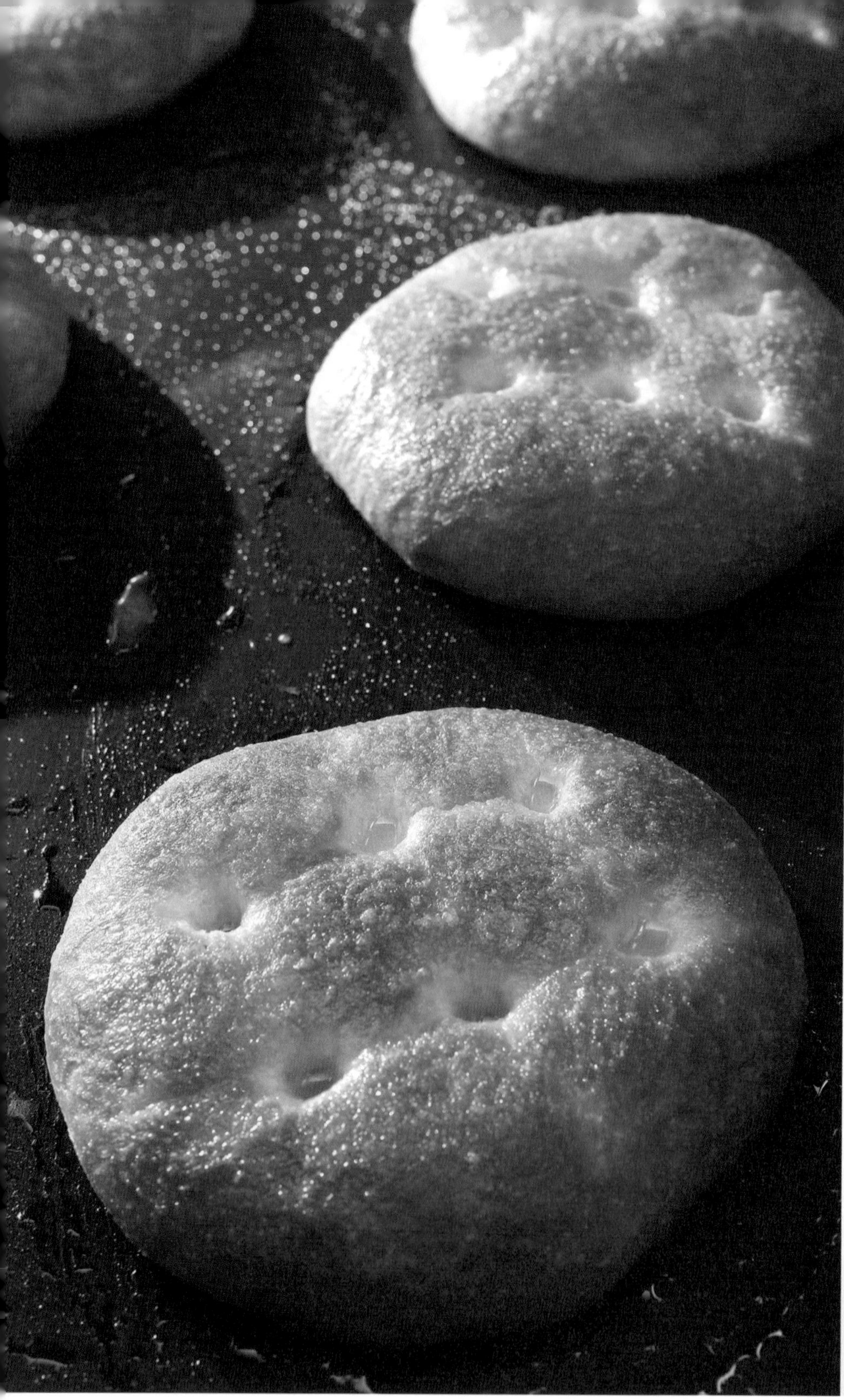

奶油埃及麵包

環境

室內溫度 26-28℃

材料

鳥越純芯麵粉	1000 公克	100%
砂糖	60 公克	6%
鹽	20 公克	2%
水	690 公克	69%
無糖優酪乳	30 公克	3%
脫脂奶粉	30 公克	3%
新鮮酵母	25 公克	2.5%
無鹽奶油	60 公克	6%

備料

麵團	100 公克
砂糖	5 公克
無鹽奶油	20 公克

製程

- 攪拌(攪拌完的麵團溫度為 26℃)。
- 第一次基本發酵 60 分鐘。
- 進行分割。
- 中間發酵 15 分鐘。
- 整形。
- 最後發酵 60 分鐘。
- 烤焙。

做法

1. 攪拌

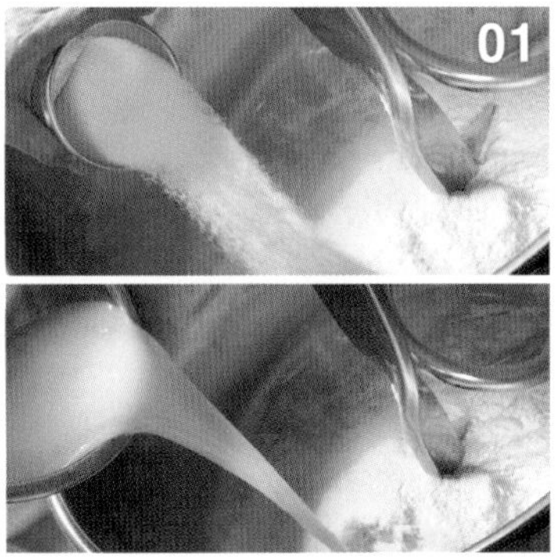

先將麵粉、砂糖、鹽、脫脂奶粉倒入攪拌機中，再將無糖優酪乳與水混合後，倒入攪拌機慢速攪拌 3 分鐘。

慢速攪拌第 2 分鐘時，加入新鮮酵母。

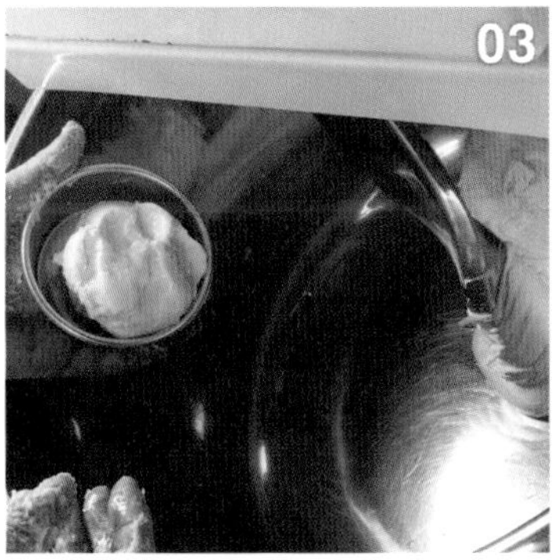

慢攪 3 分鐘後加入無鹽奶油，再慢速攪拌 1 分鐘後，快速攪拌 5 秒鐘。

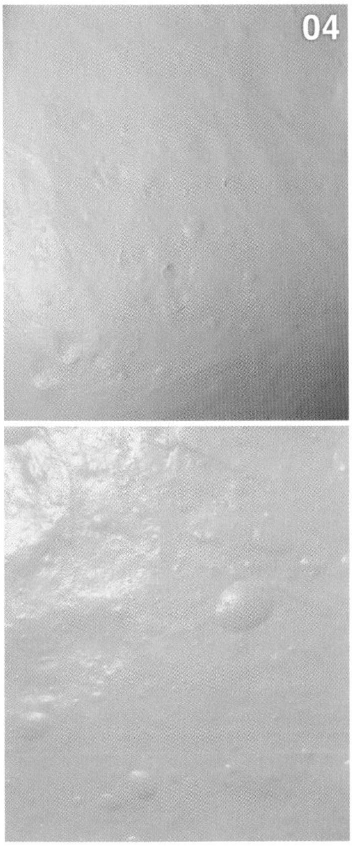

麵團成形，測量溫度確認為 26℃，進行第一次基本發酵 60 分鐘。

做法
2. 分割

將麵團分割出每塊 100 公克。

做法
3. 滾圓

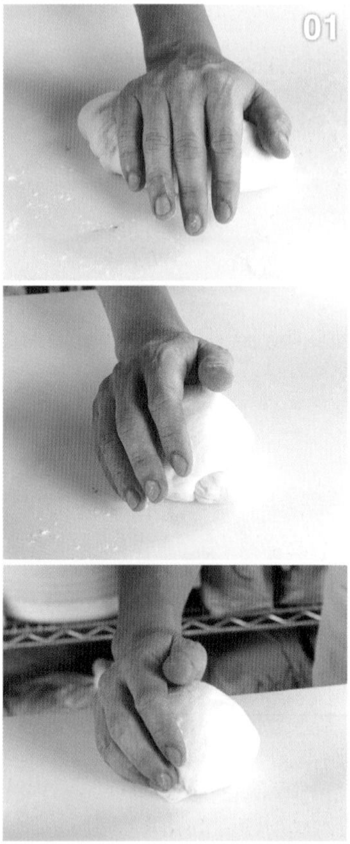

以右手掌緣壓住麵團，往右向同心圓方向滾成一個圓形。

將圓形麵團進行中間發酵 15 分鐘。

做法
4. 整形

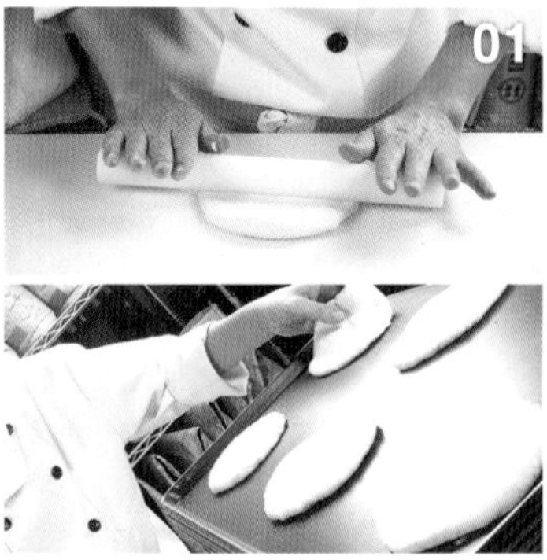

將麵團擀平成圓形，直徑 12 公分。

在表層塗抹 20 公克的無鹽奶油。

放入溫度 28℃、濕度 80% 的發酵箱中，進行最後發酵 60 分鐘。

做法
5. 烤焙

在麵團上灑約 5 公克的砂糖。

以手指在麵團上戳出 6 個洞。

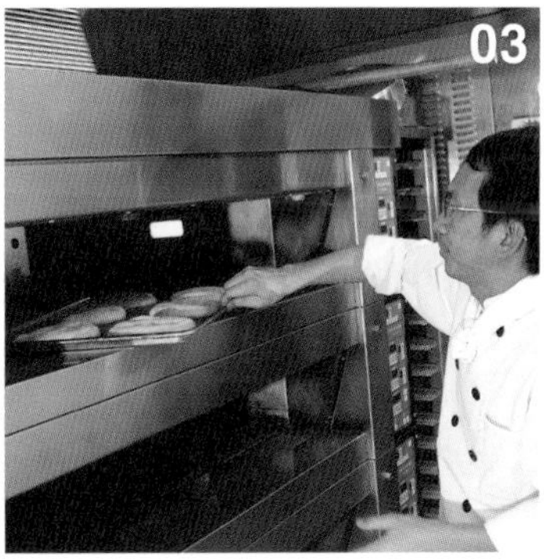

將麵團送入烤箱，以上火 240℃、下火 195℃烤 12 分鐘。

出爐後再輕輕刷上一層無鹽奶油。

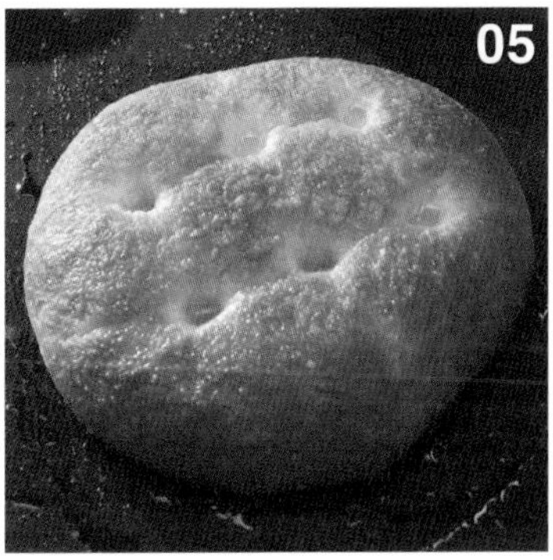

香氣濃郁、金黃色的奶油埃及麵包。

黑糖吐司

環境

室內溫度 26-28℃

材料

黃駱駝高筋麵粉	800 公克	80%
鹽	15 公克	1.5%
脫脂奶粉	20 公克	2%
冰水	320 公克	32%
水	200 公克	20%
黑糖	150 公克	15%
(取 200 公克滾水，加入 150 公克黑糖，溶化冷卻備用。)		
新鮮酵母	30 公克	3%
魯邦種老麵	100 公克	10%
(做法見 P212)		
燙麵	200 公克	20%
(做法見 P204)		
無鹽奶油	120 公克	12%

備料

麵團 ………………………… 130 公克
手工黑糖 …………………… 20 公克

製程

- 攪拌(攪拌完的麵團溫度為 26℃)。
- 第一次基本發酵 60 分鐘。
- 進行分割。
- 中間發酵 30 分鐘。
- 整形。
- 最後發酵 60 分鐘。
- 烤焙。

做法

1. 攪拌

將高筋麵粉、脫脂奶粉、鹽、魯邦種老麵、燙麵倒入攪拌機。

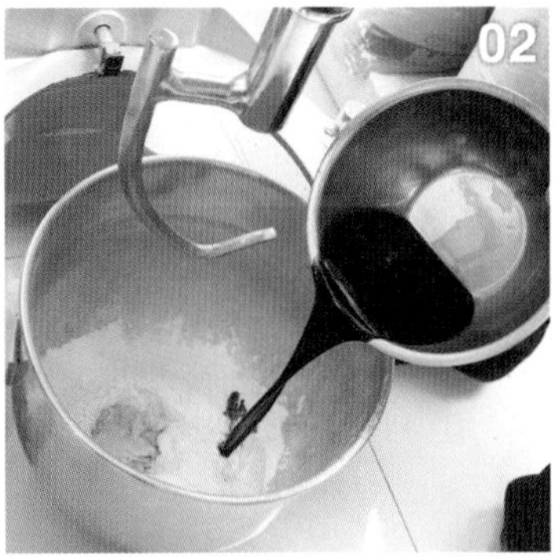

將黑糖水與水混合後倒入攪拌機。

慢速攪拌 1 分鐘後加入新鮮酵母，再慢速攪拌 3 分鐘。

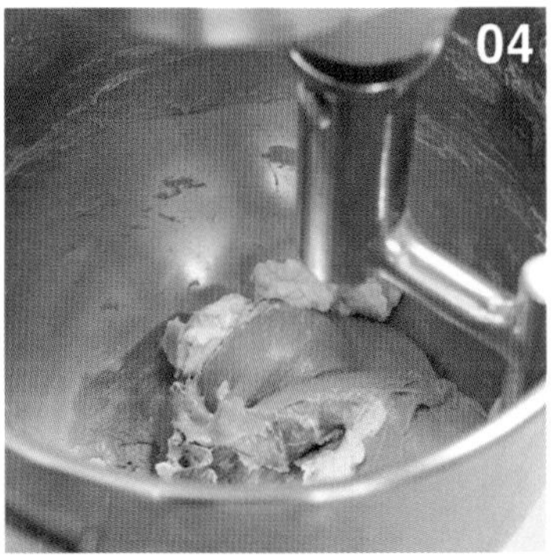

加入無鹽奶油後，慢速攪拌 1 分鐘再中速攪拌 4 分鐘。

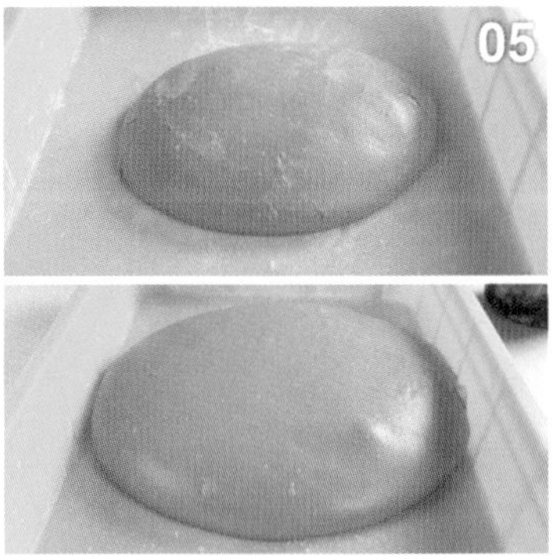

麵團成形，測量溫度確認為 26℃，進行第一次基本發酵 60 分鐘。

做 法

2. 分割

將麵團分割出每塊 130 公克，一條黑糖吐司需用到 3 塊麵團。

做 法

3. 滾圓

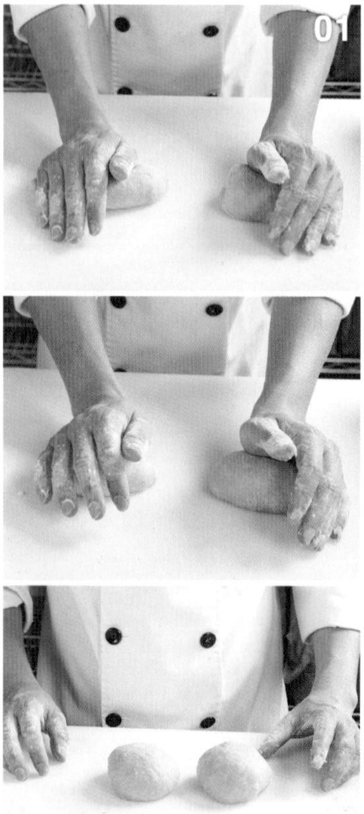

以右手掌緣壓住麵團，往右向同心圓方向滾成一個圓形。

將圓形麵團進行中間發酵 30 分鐘。

做 法

4. 整形

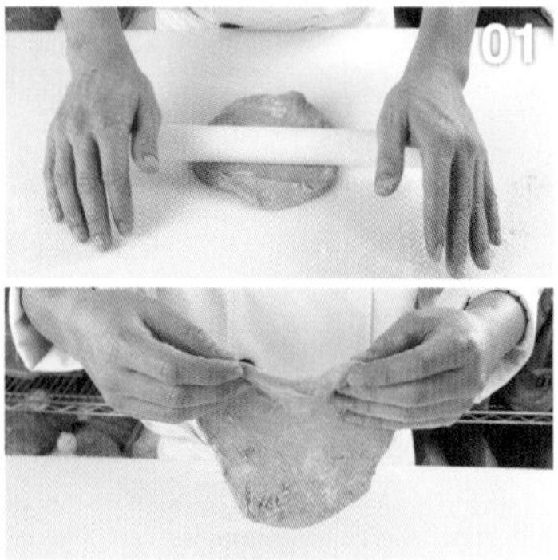

將每塊 130 公克的麵團輕壓擀平，加入 20 公克手工黑糖平均分布在麵團中。

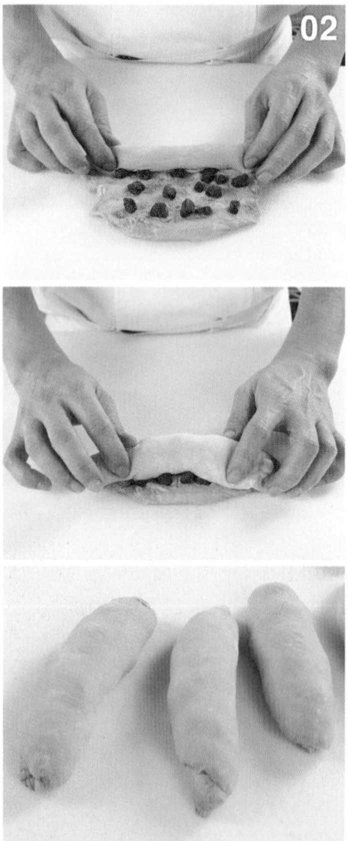

由下往上捲起，把麵團收口封緊，搓揉成長條狀。

寶春師傅叮嚀

要做出又鬆又軟、又香又Q的湯種吐司麵團，祕訣就在麵團攪拌的拿捏，要攪拌到麵筋完全擴展開來，不要吝於用自己的雙手去拉扯確認，麵團能像口香糖一樣又長又有彈性，才是合格的吐司麵團。

做法

5. 烤焙

麵團入爐前，表面先塗上全蛋液。

以上火 160°C、下火 270°C烤 35 分鐘。

甜而不膩的黑糖吐司，深受許多人喜愛。

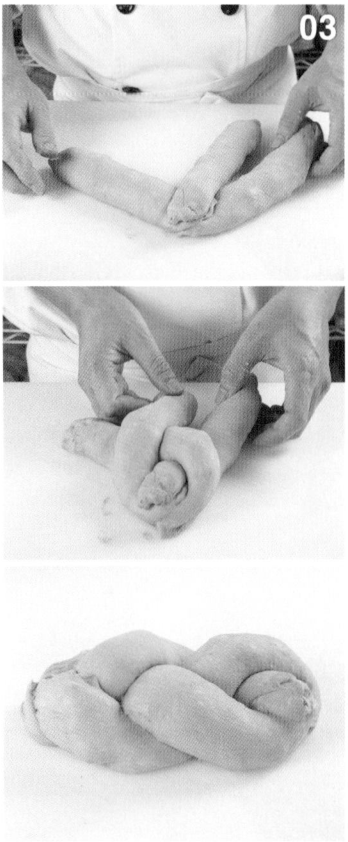

將 3 個長條狀麵團，捲成麻花辮狀，放入吐司模型中。

放入溫度 38°C、濕度 80% 的發酵箱中，進行最後發酵 60 分鐘（吐司模型型號為：三能 SN2082）。

台式甜麵包

麵包，就像是飲食的國際語言，由小麥、鹽、酵母等字母組合出的話語，讓不同的族群都能述說著共通的味覺經驗；卻又能落土生枝，在不同地區發展出具地方特色的經典款式，好比是反映各自風土文化和民族性格的「方言」。

提到法國，當然就會想到長棍麵包，外形簡潔有個性，口感單純和所有食物都能搭配，掩不住那股布爾喬亞的優雅和浪漫；義大利的連結就是繽紛喜悅的水果麵包，每一口都像是過節般熱鬧的味道，充分流露拉丁民族活在當下的樂觀天性；將歐式麵包發揚光大的日本，最具代表性的則是綿密細緻的紅豆麵包，從挑選麵粉到內餡製作，每個環節都反映著這個處女座民族的工整內斂。

創造蔥麵包不可思議的味道

很多人以為，菠蘿麵包是台灣本土麵包的代表，但我認為，蔥麵包才是最「台味」十足的麵包。

青蔥耐乾旱、生長力強，幾乎四季都是產期，正像台灣人民堅韌的草根性，更是家家戶戶每天盤中菜餚都不能缺席的一味，青翠鮮綠的蔥花一灑，每道菜才像畫龍點睛般釋放出鮮味。蔥，同時融入了台灣農產品、飲食文化，甚至民族特色的精神。

在鬆軟的台式甜麵包上，灑上又脆又香的青蔥，甜中帶鹹、鹹裡透甜，創造出台式甜麵包的新味道，甜點正餐兩相宜，可說是早年台灣麵包師傅最佳的創意，讓台式麵包在世界麵包疆域上也豎立起一枝獨一無二的旗幟。

我當麵包學徒時，雖然也愛吃蔥麵包，但當時沒有足夠的知識和體悟，不知保留食材原味才可貴，總在蔥麵包上塗裹著厚厚的豬油，讓它油油亮亮、閃閃動人地見客。

可是每天打烊後洗烤盤，盤上總結上一層白白的豬油凍，這恐怖不堪的一面，只有做麵包和洗烤盤的我們知道。吃蔥麵包簡直如同吃豬油，一直是我心裡的陰影，自己做的麵包，居然連自己都害怕。

這些年累積了對於食材更多的認知，才明白，愈能保存食物的原味才是真正的美味，不能浪費台灣蔥麵包的傑出創意。在我的店裡，格外重視蔥麵包的呈現和製作，因為蔥採收太久便會流失水分，失去青脆的口感，所以好吃的蔥麵包一定要用每天現採的青蔥，現切現灑。

要凸顯蔥的新鮮味，調理只要簡單、清爽即可，厚重膩口又不健康的豬油，當然不適用；現在我以橄欖油再加點鹽和白胡椒，和現切的青蔥拌一拌，就能讓蔥味跳出，不被油味掩蓋。

我的麵包店開幕當天，請來了日本鳥越製粉株式會社的部長、也是我參加世界麵包大賽時指導我的老師加藤一秀師傅，他吃了一塊蔥麵包後，大為驚豔，直呼「不可思議的味道」，還說要帶回日本去推廣、研發。這對我來說是非常驕傲的，因為我推銷的不是自己的麵包店，而是我們的「台式麵包」。

不過，要做出好吃的台式甜麵包，除了搭配的食材不能馬虎，可以發揮無限創意和想法外，最基本的是，麵包本身要先能做得既柔軟又綿密。這並不容易，我至少花了五、六年，才征服了台式甜麵包的麵團。

「為什麼做不出像日式甜麵包的口感？」我到處上課，希望找到答案。

有一回，在廠商推廣食材的講習上，請來美國和法國的講師，我抓著機會請益：「台灣人偏好較軟的麵包，如何能做又軟又有風味的麵包？」但歐美麵包主流還是偏硬的歐式麵包，老師們無法具體回答，只說做麵包的道理一樣，都在掌握酵母菌，也就是老麵的變化。

之後，我陸續到日本進修，發現日本人很早接觸歐式麵包，把概念融入日式麵包，對老麵掌控已隨心所欲，用老麵來取代改良劑，讓麵團自然發酵，不但能有豐富的風味，也能延遲麵包老化，不會一放就乾掉。

當時我任職於台中一家麵包店，為了做出理想中的台式甜麵包風味，自費出國學習，發現過去失敗的癥結在環境和老麵的培養技術，因為麵團要放在攝氏二十八度的恆溫發酵箱裡發酵，才能控制在最穩定的狀態。於是向公司爭取採購一台十幾萬的凍藏發酵箱。

老闆一開始無法認同，覺得店裡的生意並不差，「就算在三流的環境設備裡，也能做出一流的麵包，才厲害。」為何還要添購設備？

為了說服老闆，我每天下班後把麵團拿到有冷氣設備的門市去發酵，因為麵包工廠很熱，通常溫度會高達三十幾度，發酵溫度根本無法控制在二十八度。把在恆溫發酵下做出的麵包拿給老闆吃，讓麵包自己說話；經過快一年的努力，老闆終於認同，好的麵包一定要有好的環境設備才能醞釀出來，於是答應增添設備，讓我們做出的台式甜麵包，也追上日本的水準。

嚴謹的工序成就一流的麵包

做麵包是一件很嚴謹的事，它是藝術，也是科學，時間、溫度、材料，差之毫釐就失之千里。我希望有心在這條道路上追尋的年輕人明白，做麵包不是件隨興的事，它的道理都很簡單，重點在於——所有工序都要確實。

幾年前，我曾經受邀擔任學校烘焙課的講師，當時很驚訝地發現，攪拌麵團後要測量麵團溫度時，班上竟然沒有一個學生準備溫度計。學生在烘焙的理論課堂上學到發酵溫度、麵團溫度，技術上卻不能落實，專業理論和實務無法結合。

於是，我讓學生分成兩組做麵包，一組嚴格控制溫度，一組憑感覺，在兩種環境下做出來的麵包，讓他們自己去品嘗。從此他們真正體會到溫度控制的重要。

麵包很誠實，你花了多少心思對待它、照顧它，它都原原本本地記錄在身上。

台式甜麵包麵團

環境

室內溫度 26-28℃

中種麵團材料

鳥越純芯麵粉 ……	500 公克	50%
鳥越紅蝶麵粉 ……	200 公克	20%
砂糖 ………………	50 公克	5%
新鮮酵母 ………	30 公克	3%
蛋黃 ………………	70 公克	7%
水 …………………	330 公克	33%

製程

- 攪拌(攪拌完的麵團溫度為 25℃)。
- 第一次基本發酵 150 分鐘。

主麵團材料

鳥越純芯麵粉 ……	300 公克	30%
砂糖 ………………	200 公克	20%
鹽 …………………	10 公克	1%
粉末油脂 ………	100 公克	10%
無鹽奶油 ………	20 公克	2%
水 …………………	220 公克	22%

製程

- 攪拌(攪拌完的麵團溫度為 28℃)。
- 靜置 10 分鐘。
- 分割。
- 中間發酵 30 分鐘。
- 整形。

做法

1. 中種麵團攪拌

將麵粉、砂糖、蛋黃、水和新鮮酵母放入攪拌機，慢速攪拌 4 分鐘。

中速攪拌 1 分鐘，麵團成形。

做法

2. 中種麵團發酵

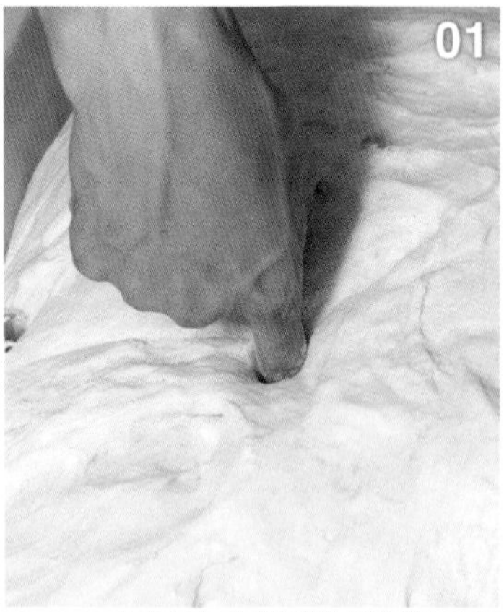

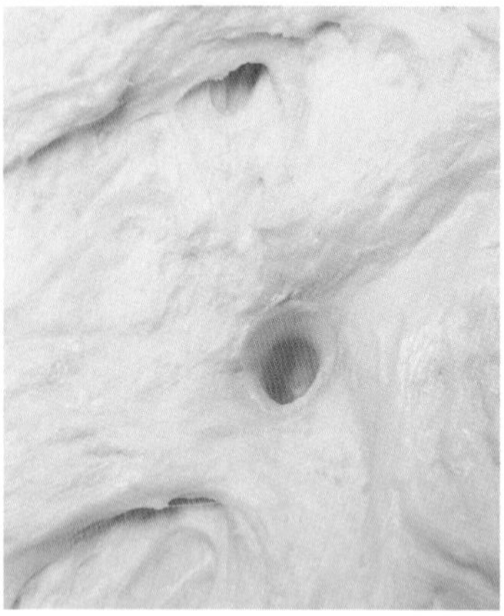

第一次基本發酵：麵團溫度 25℃，靜置 150 分鐘。發酵室內溫度 28℃。用手沾適量的高筋麵粉，再把手指戳進麵團裡，手指拔出後，麵團上留有戳洞就表示發酵完成，即可進行主麵團攪拌。

做法
1. 主麵團攪拌

中種麵團發酵完成後，放入攪拌機。將麵粉、砂糖、鹽、粉末油脂、水、無鹽奶油，一起慢速攪拌 6 分鐘。

轉快速攪拌 4 分鐘。

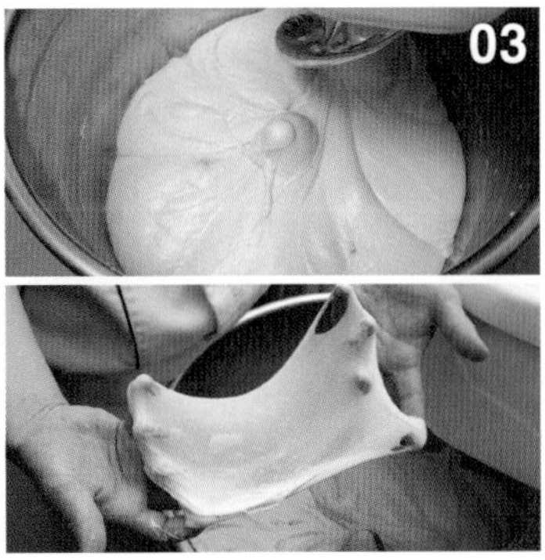

攪拌至完全擴展階段，攪拌完的麵團溫度為 28℃。

做法
2. 主麵團發酵

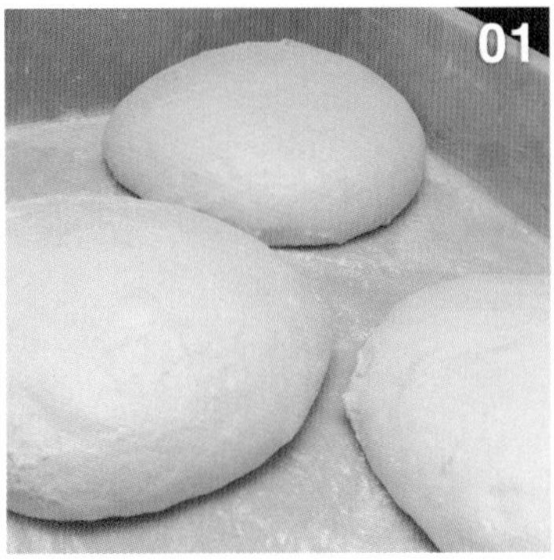

靜置 10 分鐘。

進行小分割 40 公克。中間發酵 30 分鐘。

做法
3. 整形

蔥麵包（做法見 P135）
紅豆麵包（做法見 139）
克林姆麵包（做法見 P141）
菠蘿奶酥麵包（做法見 P145）
（以上四款麵包皆取用台式甜麵包麵團 40 公克製作，再進入整形製程。）

蔥麵包

環境

室內溫度 26-28℃

材料

台式甜麵包麵團 ·················· 40公克
（做法見 P132）

備料

蔥花餡 ····························· 20 公克
（做法見 P229）
全蛋液

製程

・整形。
・最後發酵 60 分鐘。
・烤焙。

做法

1. 整形

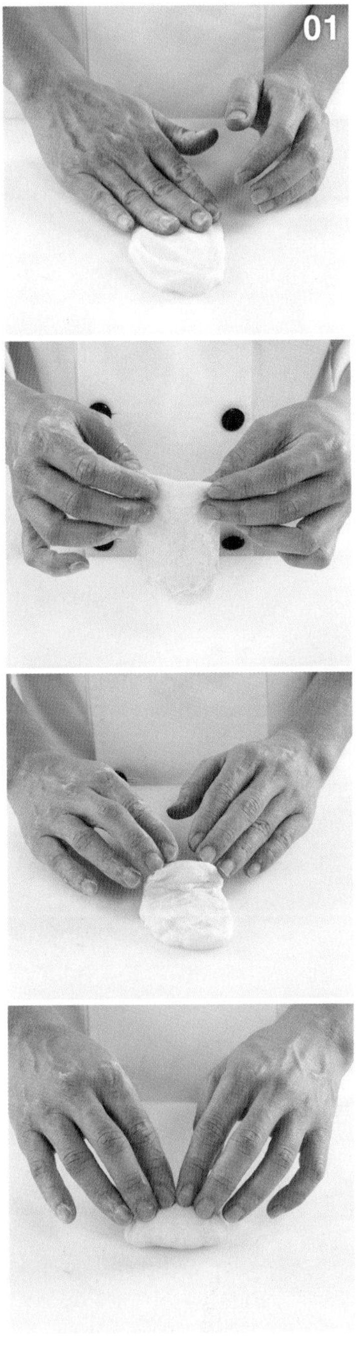

將麵團拍平翻轉至背面，再由上往下、由下往上對折。

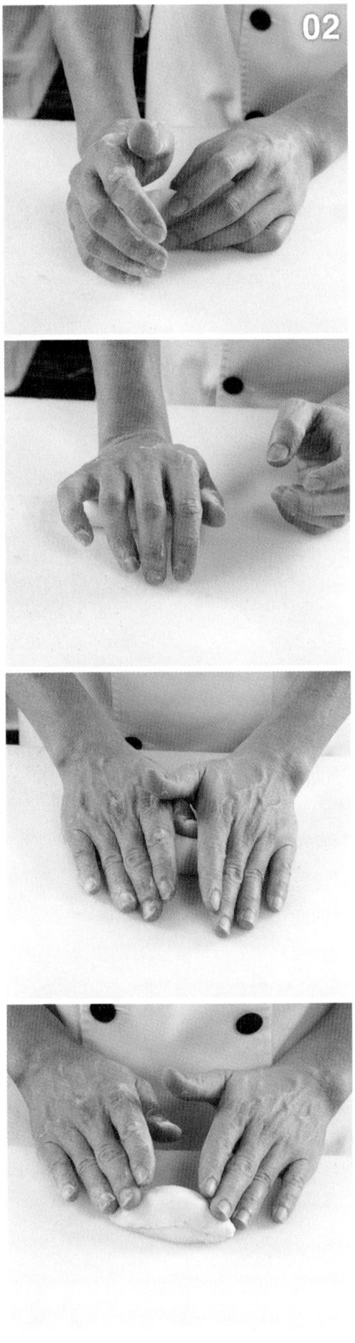

麵團搓揉成橄欖形。

做法

2. 烤焙

清香撲鼻的蔥麵包。

在麵團外層塗上全蛋液。

鋪上蔥花餡料進入烤焙，以上火 230℃、下火 190℃烤 6 分鐘。

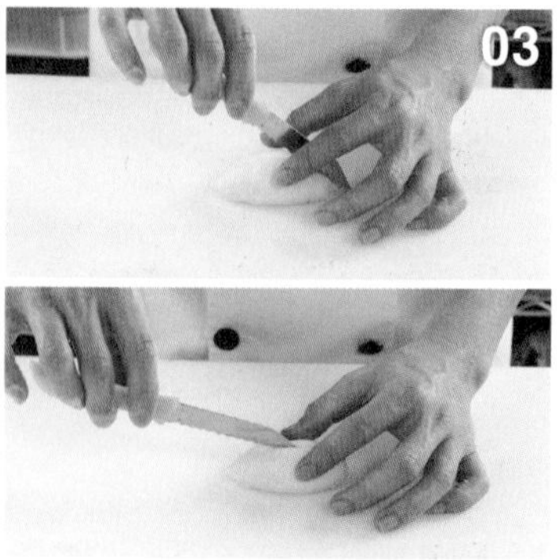

取劃刀在麵團中間劃 1 刀。

進行最後發酵 60 分鐘（發酵箱溫度 38℃、濕度 80%）。

寶春師傅
叮嚀

青蔥當天洗淨後晾乾，待麵包整形後再切好備用。等麵團發酵完成，青蔥拌入橄欖油、鹽及胡椒。切記不能太早攪拌，若麵團未發酵完成即進行這個動作，青蔥的水分就會流失，烤焙好麵包上的青蔥口感就不會脆，且甜味也會流失。

紅豆麵包

環境

室內溫度 26-28℃

材料

台式甜麵包麵團 ·················· 40公克
（做法見 P132）

備料

紅豆餡 ····························· 40公克
核桃 ································· 1 粒
全蛋液

製程

- 整形。
- 最後發酵 60 分鐘。
- 烤焙。

做法

1. 整形

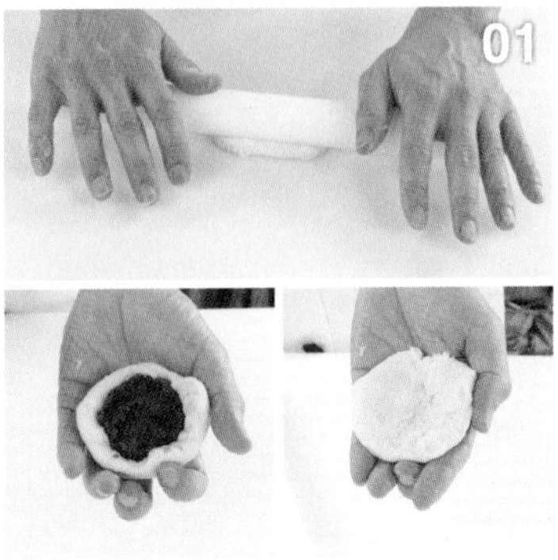

以擀麵棍將麵團壓平，包入紅豆餡 40 公克。

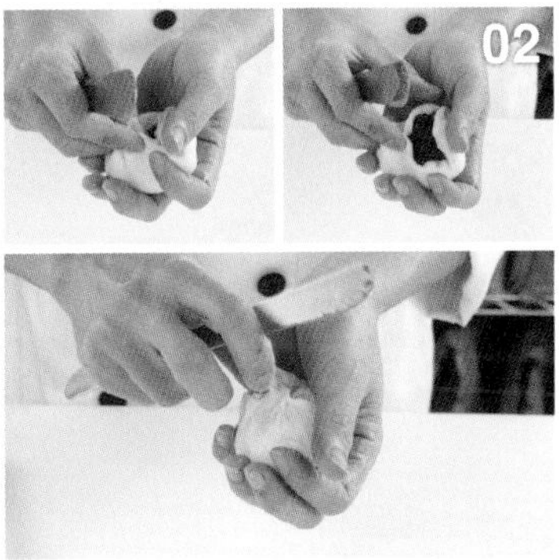

將麵團邊緣邊捏邊轉，緊緊封口。

中間放上 1 顆核桃裝飾。

整形後的麵團，進行最後發酵 60 分鐘（發酵箱溫度 38℃、溼度 80%）。

2. 烤焙

麵團外層塗上全蛋液。以上火 230℃、下火 190℃烤 6 分鐘。

鬆軟香甜的紅豆餡讓紅豆麵包更引人垂涎。

克林姆麵包

環 境

室內溫度 26-28℃

材 料

台式甜麵包麵團 ……………… 40公克
（做法見 P132）

備 料

克林姆餡 …………………… 40 公克
（做法見 P220）
全蛋液

製 程

- 整形。
- 最後發酵 60 分鐘。
- 烤焙。

做 法

1. 整形

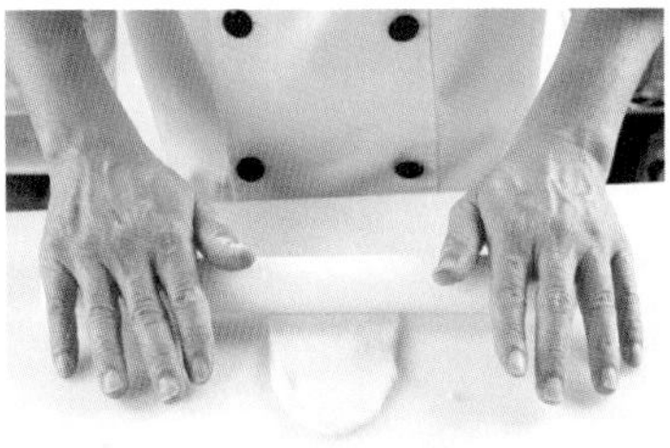

將麵團壓成圓形，上下邊緣部分壓薄。

麵團中間包入克林姆餡 40 公克。

把麵團上下拉起、左右捏合，以手圈住壓緊。

做法
3. 烤焙

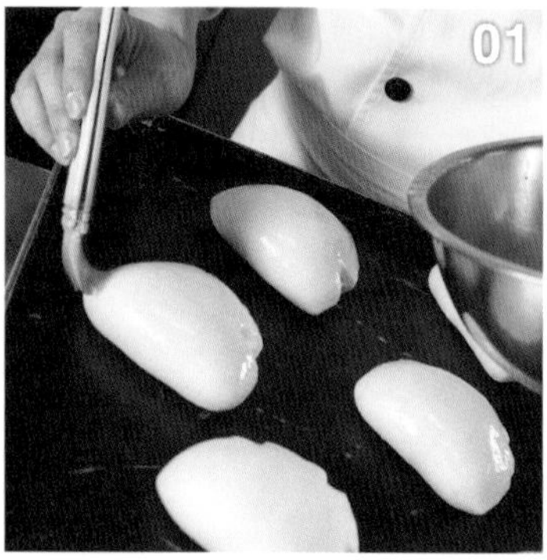

麵團外層塗上全蛋液，以上火 230℃、下火 190℃烤 6 分鐘。

入口即化的克林姆麵包。

整形後的麵團，進行最後發酵 60 分鐘（發酵箱溫度 38℃、濕度 80%）。

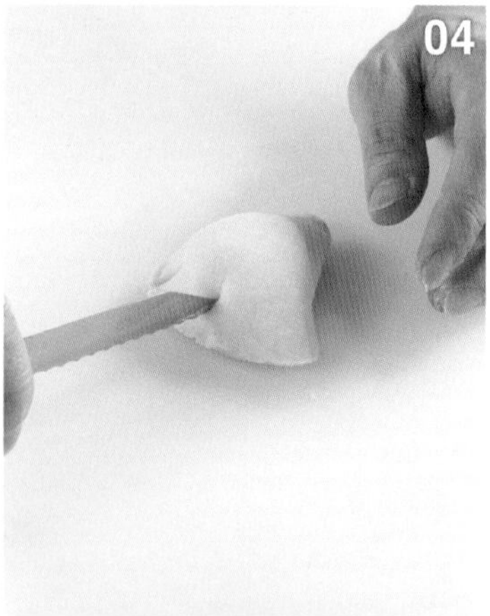

使用劃刀，將邊緣劃開 3 刀。

寶春師傅叮嚀

蛋刷不要沾上太多蛋液，避免流入烤盤易烤焦。刷上蛋液時，手的力道要輕柔，力道太大容易使麵團萎縮，萎縮處烤出來的口感會偏硬。

菠蘿奶酥麵包

環 境

室內溫度 26-28℃

材 料

台式甜麵包麵團 ·················· 40公克
（做法見 P132）

備 料

奶酥餡 ····················· 15 公克(每顆)
（做法見 P217）
菠蘿皮 ····················· 15 公克(每顆)
蛋黃液

製 程

- 整形。
- 最後發酵 60 分鐘。
- 烤焙。

做 法

1. 製作菠蘿皮

材料：菠蘿皮餡 640 公克

低筋麵粉 330 公克

取出菠蘿皮餡（做法見 P218）640 公克加入低筋麵粉 330 公克拌勻，即成菠蘿皮備用。分割每顆 15 公克，可做成 64 顆。

做 法

2. 整形

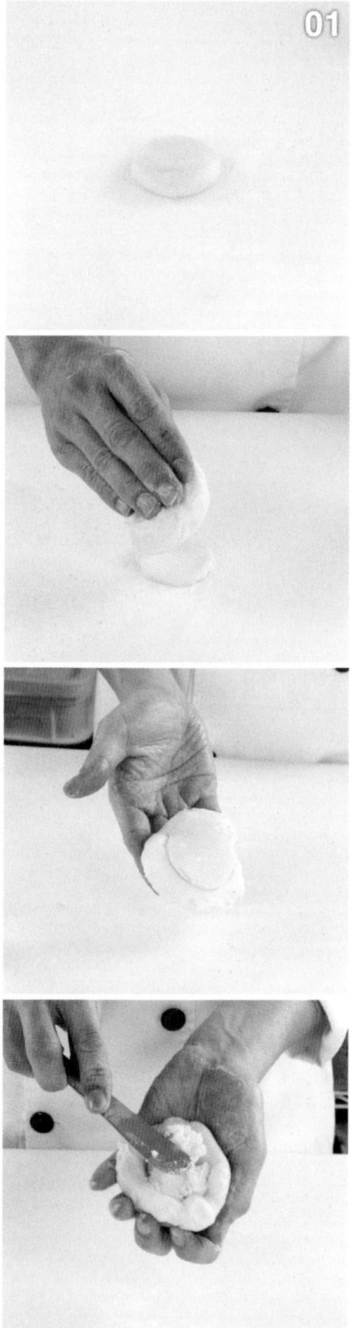

將上述菠蘿皮 15 公克壓平後，把 40 公克台式甜麵包麵團輕壓平整後黏在上面，中間再包入 15 公克的奶酥餡。

做法

3. 烤焙

以上火 230℃、下火 190℃烤 15 分鐘，酥脆的菠蘿奶酥麵包即可上桌。

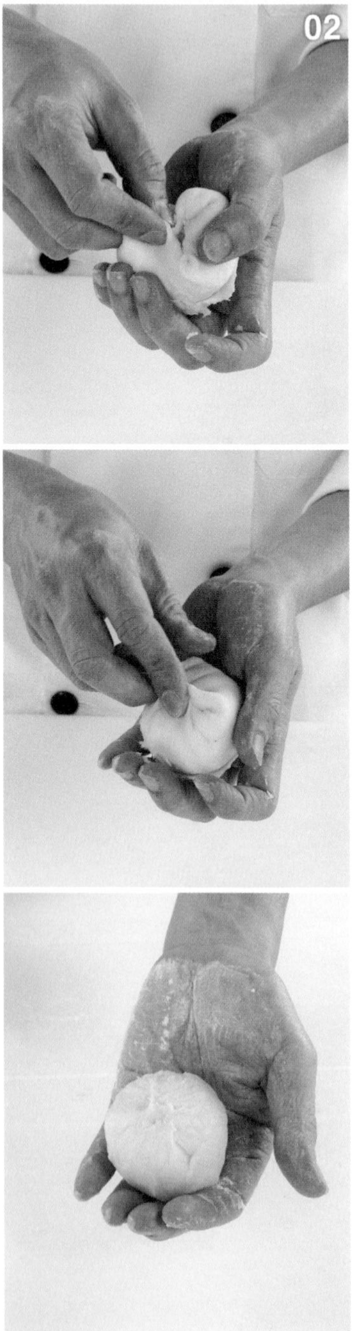

將麵團收緊，邊轉邊捏合，將內餡緊緊包住。

將包好的麵團，放入圓形紙杯的模型。

麵團表面塗上蛋黃液。進行最後發酵 60 分鐘（室內溫度 28℃）。

寶春師傅
叮嚀

菠蘿皮餡在加入低筋麵粉時手感要快速，讓麵粉和餡料盡快成團，因為手有溫度，若接觸太久容易出油，烤出來的菠蘿皮口感會變得比較硬而不酥脆。

小葡萄麵包

環境

室內溫度 26-28℃

材料

黃駱駝高筋麵粉	1000 公克	100%
砂糖	160 公克	16%
鹽	14 公克	1.4%
新鮮酵母	40 公克	4%
全蛋	100 公克	10%
動物性鮮奶油	300 公克	30%
克林姆餡	150 公克	15%
(做法見 P220)		
脫脂奶粉	40 公克	4%
麥芽精	3 公克	0.3%
水	300 公克	30%
無鹽奶油	70 公克	7%
葡萄乾	700 公克	70%
(先用 40℃的溫水清洗一次)		
全蛋液		

製程

- 攪拌(攪拌完的麵團溫度為 26℃)。
- 第一次發酵 60 分鐘。
- 分割。
- 中間發酵 25 分鐘。
- 整形。
- 最後發酵 60 分鐘。
- 烤焙。

做法

1. 攪拌

將高筋麵粉、鹽、砂糖、全蛋、動物性鮮奶油、克林姆餡、脫脂奶粉、麥芽精等材料，加入攪拌機。

慢速攪拌 6 分鐘，但在攪拌第 2 分鐘時，加入新鮮酵母。

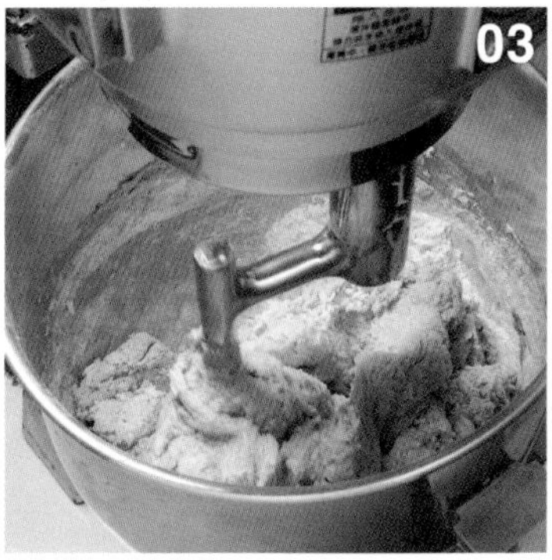

再以中速攪拌 10 分鐘。

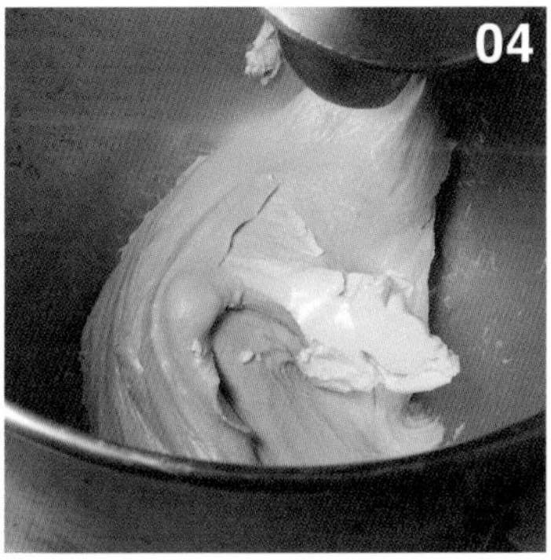

加入無鹽奶油後，再慢速攪拌 1 分鐘，中速攪拌 6 分鐘。

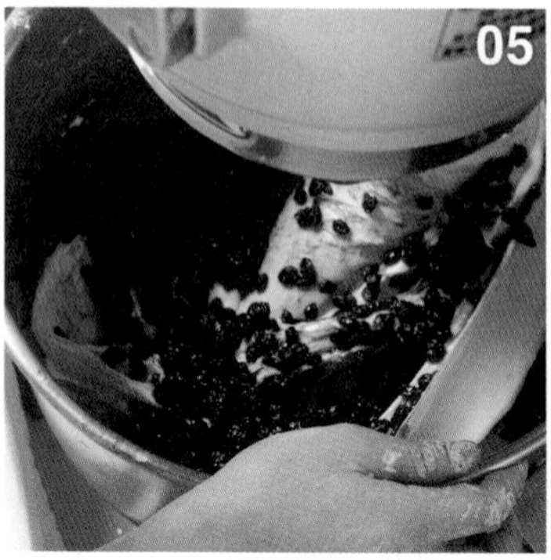

加入葡萄乾，再慢速攪拌 2 分鐘。麵團溫度為 26˚C。

做法
2. 發酵

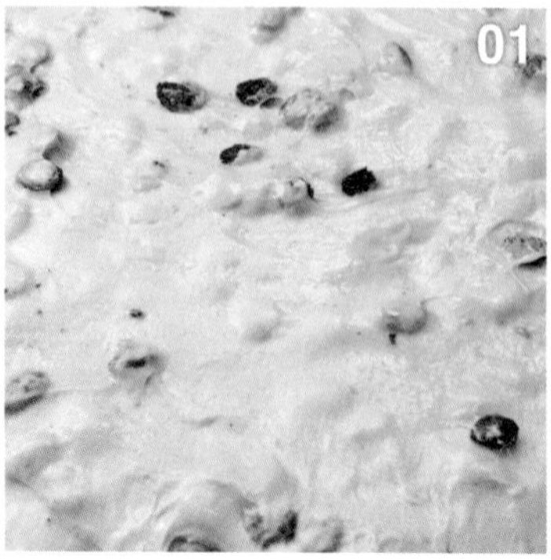

第一次基本發酵 60 分鐘。

做法
3. 分割

將麵團做分割，每塊 40 公克，收成圓形。圓形麵團靜置，進行中間發酵 25 分鐘。

做法
4. 整形

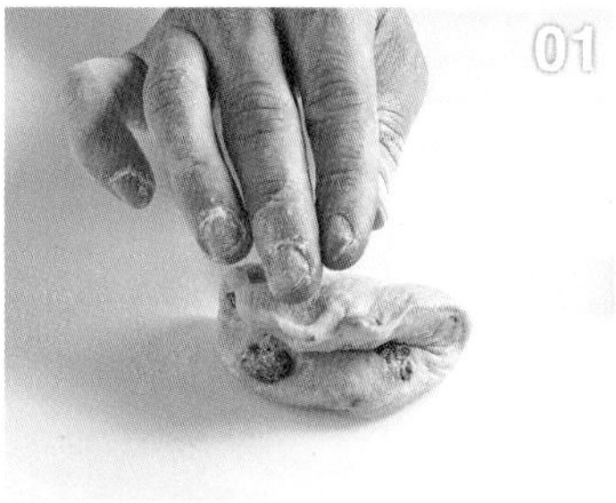

將麵團壓平、輕輕拍打，對折後再對折出，搓出圓形。

以手掌將麵團整個包裹住搓揉，讓麵團中心形成一個漩渦。麵團進行最後發酵60分鐘。

做法
5. 烤焙

入爐前在麵團外層塗上全蛋液，直接入爐，以上火230℃、下火210℃烤5分鐘。

有著Q軟口感的小葡萄麵包，適合給小朋友當早餐。

寶春師傅叮嚀

1. 若攪拌過程中發現溫度太高，可在攪拌缸外圍，放置冰水，讓麵團降溫。
2. 將葡萄乾用40℃的溫水清洗是為了將表面多餘的雜質去除。如此做法可先行吸收水分，在拌入麵團之後，才不會吸收麵團的水分，避免烘烤後的麵包過乾。

星野酵母麵包

星野酵母像個「嬌貴」的公主，生性敏感而脆弱，溫度太高，會發酵得太快，讓麵團過發而口感變乾；溫度太低，又會讓麵團裡活化的酵母菌不足，沒辦法完全發酵。要把它伺候得服服貼貼，得謹慎而專注，是會讓麵包師傅很有滿足感的挑戰。

我和「星野」的緣分，是三年多前到日本九州參加食品展時結下的。在「風見雞麵包店」前的攤位上，專門做星野酵母麵包的技師福王寺明師傅正在示範這款麵包，材料非常簡單，風味卻不單調，Q彈又濕潤的口感，我特別喜愛。從他們提供的資料，我才知道，原來這個酵母菌很有歷史，是日本人古早時代就使用的釀造技術，多用在釀造醬油，把附著在穀物的酵母菌、乳酸菌搭配日本產的米及小麥，不用任何添加物培養而成。

星野發酵種主要成分有小麥粉、米、酵母、麴……最特別是因添加了「麴」，其發酵更使小麥的甘味及甜味完全釋放，像釀酒般的長時間發酵，長時間自然熟成，使麵包的香氣更持久，散發自然獨特香氣。或許是因為星野酵母菌散發著濃濃的東方「酒釀味」，讓我覺得格外親切，一接觸就著迷。「我也想挑戰看看，用這像穀物發酵的酵母菌來做麵包。」當下我心裡便這麼想。之後台灣的廠商邀請福王寺明師傅來台講習，我就擔任助手。一面協助，一面也藉機學習。

日本烘焙業有很大器的傳統，他們對配方不太藏私。福王寺明師傅知道我有意嘗試做這系列的麵包，大方地將他的星野麵包配方提供給我，我先依樣畫葫蘆，再視口味稍稍調整，主要是將一些食材改為台灣在地的食材。

星野酵母雖然是一種半成品的酵母粉，在經過還原起種、發酵，使用到麵團上，每一個環節都是「差之毫釐，失之千里」。它的素材非常簡單，只用酵母、老麵、鹽、麵粉、水和橄欖油做出來，沒有奶油、牛奶、蛋、糖，也沒有餡料或果乾。但麵團含水量很飽滿，攪拌過程中，連注水都要小心翼翼，分次加入；倒得太快、太急，麵團出不了筋性，麵包就成不了形。

雖然如女人般似水柔情，但它又有極驚人的爆發力。發酵完美的星野酵母麵團，以高溫、快速烤焙，可以膨脹成三倍大。而且就如所有迷人的女子一般，有著神祕的個性，需要慢慢了解；隔夜後再回烤的星野麵包，風味比新鮮出爐更有層次。這款麵包除了單純的鹽味，很適合做成料理麵包，加上蔬菜、白醬等輕食的配料，內涵便更為豐富又符合健康概念。

雖然開了自己的麵包店後，不再參與麵包競賽。但我將每個消費者當成評審，我期望自己，能看到消費者接觸到不同種類麵包時的驚喜；也要求自己，要將麵包品質維持一致性。挑戰更多不熟悉、甚至沒有接觸過的麵包種類，永遠都能引起我學習的興趣和探索的欲望。因為麵包的世界永無止盡，永遠保有新鮮感，也才能永遠保留成長的空間。

星野酵母麵團

環境

室內溫度 26-28℃

材料

鳥越中華麵粉 ……	550 公克	55%
鳥越鐵塔麵粉 ……	400 公克	40%
黑爾哥蘭麵粉 ………	50 公克	5%
星野酵母生種 ……… （做法見 P208）	50 公克	5%
鹽 ……………………	20 公克	2%
水 ……	450 公克(第一階段) +150 公克(第二階段)	45% +15%
法國老麵起種 …… （做法見 P210）	500 公克	50%

製程

- 攪拌（攪拌完的麵團溫度為 24℃）。
- 基本發酵 150 分鐘。

做法

1. 攪拌

第一次攪拌，將鹽加入攪拌筒內。

星野酵母生種 50 公克先加入第一階段 450 公克的水（0℃）稀釋，以避免生種直接接觸鹽而使酵母菌遭破壞。

加入 500 公克的法國老麵起種和已加水稀釋的星野酵母生種，以及三種麵粉，慢速攪拌 4 分鐘。確定麵團溫度為 24℃。

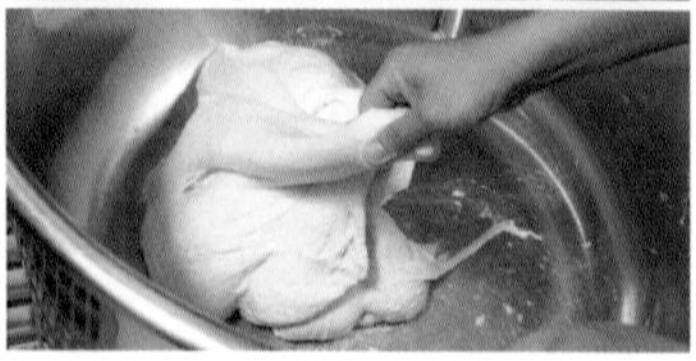

此時再將第二階段 150 公克的水分（3℃）分 5 次慢慢注入。慢慢注水才能讓麵團成塊並形成筋性。

寶春師傅叮嚀

星野酵母的水含量很高，麵團攪拌時在每一次加水的過程中，要注意隨時測量麵團溫度。另外在第二階段加水前，一定要確認第一階段的水是否已讓麵團完全吸收，否則就無法快速成團。

做法

2. 發酵

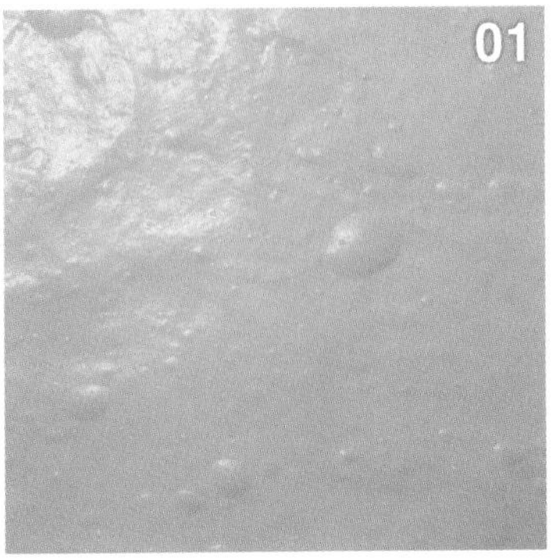

基本發酵：發酵室溫 32℃，時間 150 分鐘。依製作麵包大小需要，進行分割。

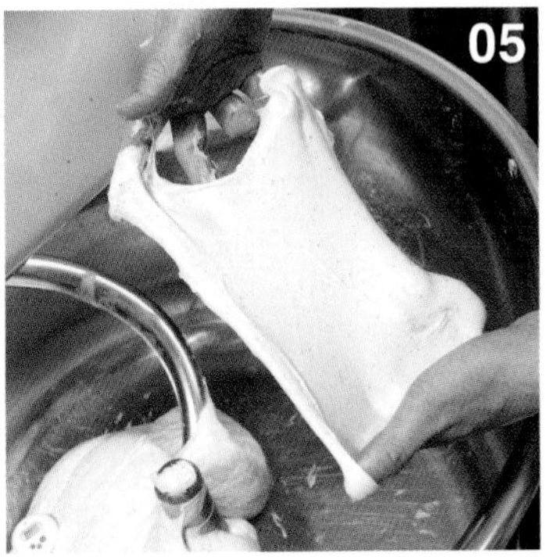

慢速攪拌 6 分鐘之後，再快速攪拌 2 分鐘。確認麵團攪拌後為完全擴展程度，並確認麵團溫度為 24℃。(「完全擴展」是指麵團展開後，可透過麵團看見手指頭的程度，以免攪拌程度不夠，影響口感。)

星野酵母原味麵包

環境

室內溫度 26-28℃

材料

星野酵母麵團 ……………… 120 公克
（做法見 P154）

備料

法國海鹽 ……………………………… 適量
橄欖油 ………………………………… 適量

製程

- 分割。
- 中間發酵 30 分鐘。
- 整形。
- 烤焙。

做法

1. 分割

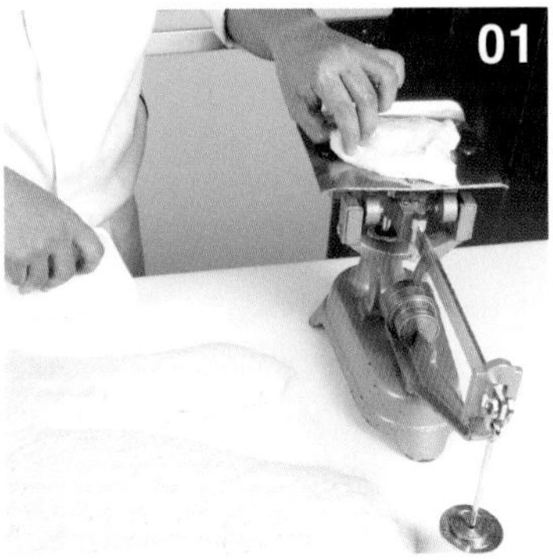

先在工作桌上噴灑橄欖油，避免麵團沾黏。麵團分割成 120 公克，盡量完整大塊切，太多細小碎塊會破壞麵團組織。

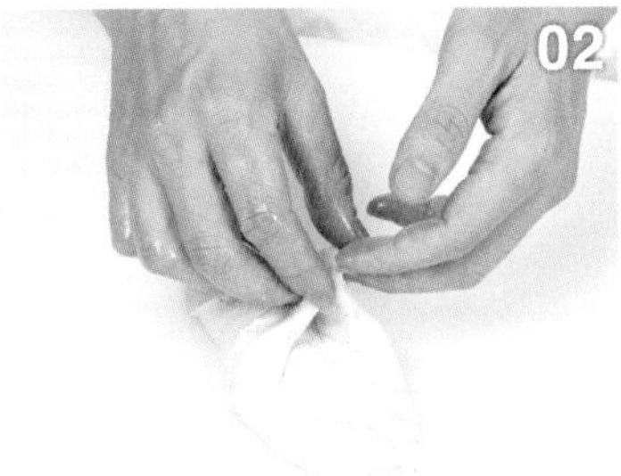

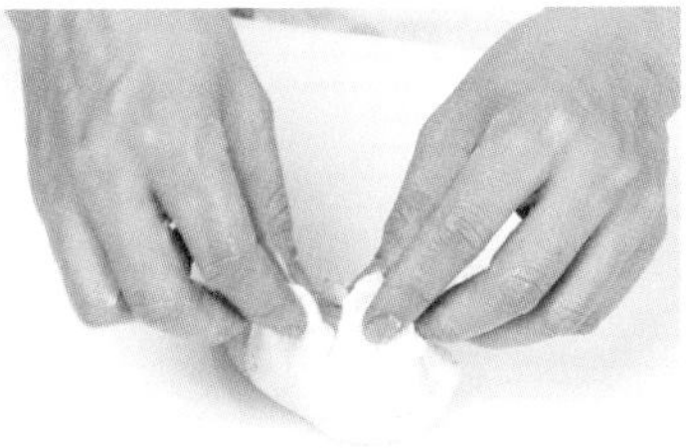

將分割的麵團四周麵皮往內折，手法類似捏包子方式，動作盡量輕柔。

將麵包箱底塗上橄欖油，避免麵團沾黏。將分割並折好的麵團放入麵包箱內。中間發酵 30 分鐘。

做法
2. 整形

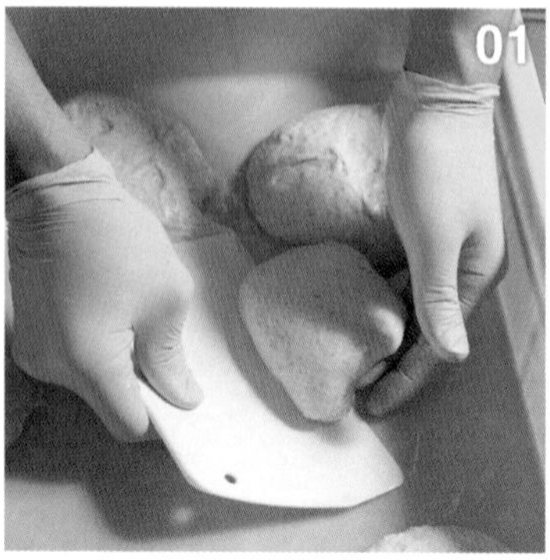

刮刀上抹上橄欖油，將麵團輕輕剷起。

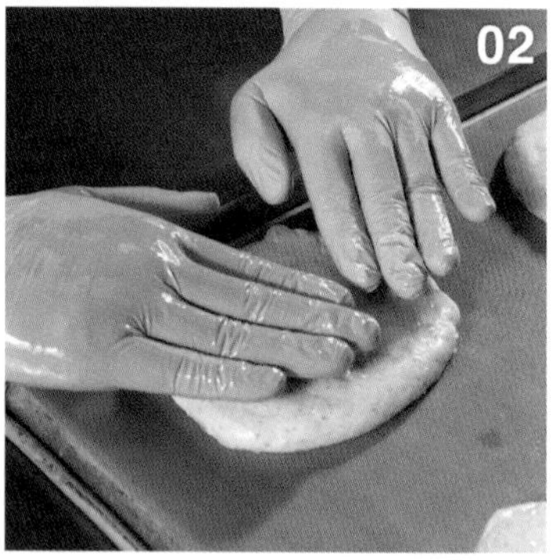

將麵團剷起後放置在耐烤烤盤紙上，並將麵團抹上橄欖油、輕輕壓成圓形。

灑上法國海鹽，不要超過 1 公克。

在麵包體上噴水，讓海鹽緊密附著在麵包上。

做法
3. 烤焙

將置放在耐烤烤盤紙上的麵團直接送入烤箱，抽出烤盤。蒸氣 6 秒後，以上火 285℃、下火 200℃烤 6 分半鐘。

將成品塗上橄欖油。

寶春師傅
叮嚀

1. 整形時，手的力道要輕柔，否則會破壞太多的氣孔，烤焙時膨脹效果不佳，很容易塌陷。
2. 烤焙星野酵母原味麵包，事前的預熱很重要，一定要達到上火285℃、下火200℃，才可將準備好的麵團送進烤箱。烤箱溫度若不夠，將會影響麵團的膨脹度，進而影響麵包的Q彈口感。
3. 星野酵母麵包系列，不需經過最後發酵。

星野酵母白醬起司麵包

環境

室內溫度 26-28℃

材料

星野酵母麵團 ……………… 100 公克
（做法見 P154）

備料

白醬 ………………………… 40 公克
（做法見 P226）
乳酪絲 ……………………… 30 公克
起司粉 ……………………… 3 公克
橄欖油 ……………………… 適量
鹽 …………………………… 0.5 公克

製程

・分割。
・中間發酵 30 分鐘。
・整形。
・烤焙。

做法

1. 分割

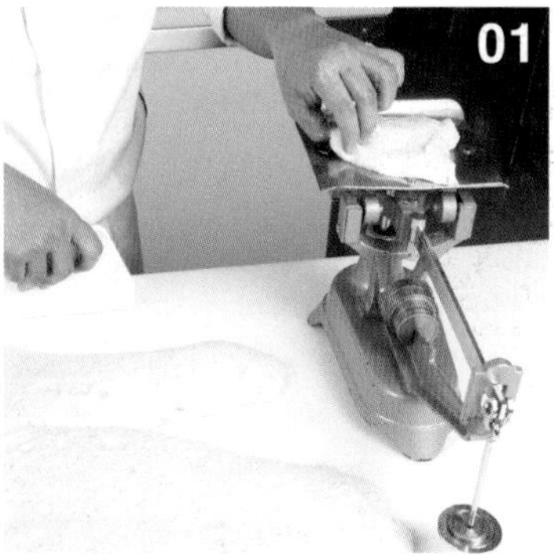

先在工作桌上噴灑橄欖油，避免麵團沾黏。麵團分割成 100 公克，盡量完整大塊切，太多細小碎塊會破壞麵團組織。

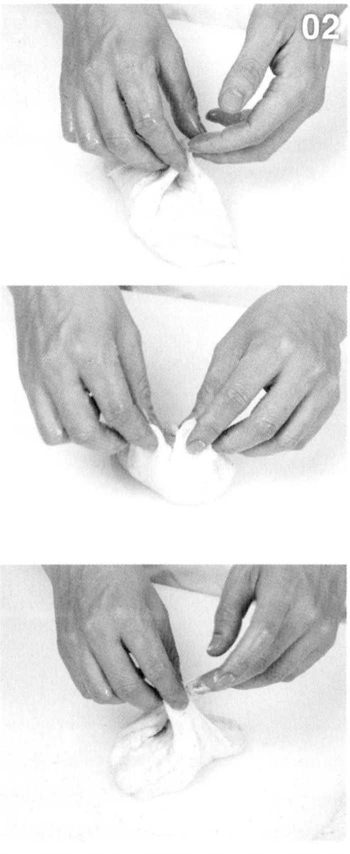

將分割的麵團四周麵皮往內折，手法類似捏包子方式，動作盡量輕柔。

將麵包箱底塗上橄欖油，避免麵團沾黏。將分割並折好的麵團放入麵包箱內。中間發酵 30 分鐘。

做法
2. 整形

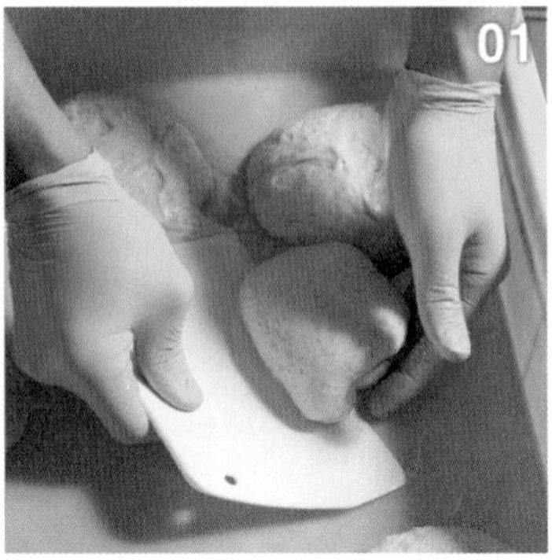

刮刀上抹上橄欖油，將麵團輕輕剷起。

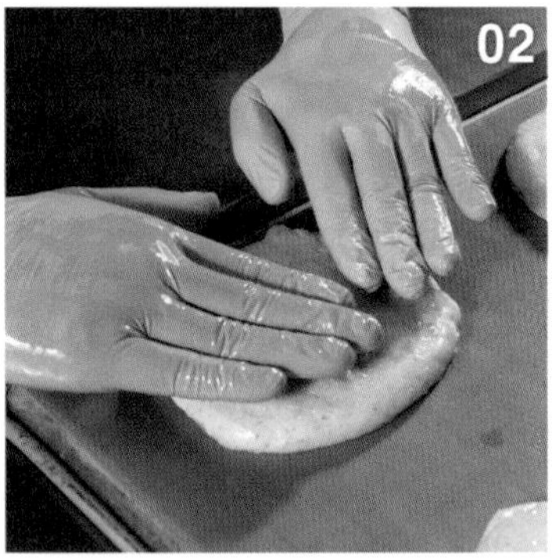

將麵團剷起後放置在耐烤烤盤紙上，並將麵團抹上橄欖油、輕輕壓成圓形。

灑上 0.5 公克的鹽。

抹上 40 公克的白醬。

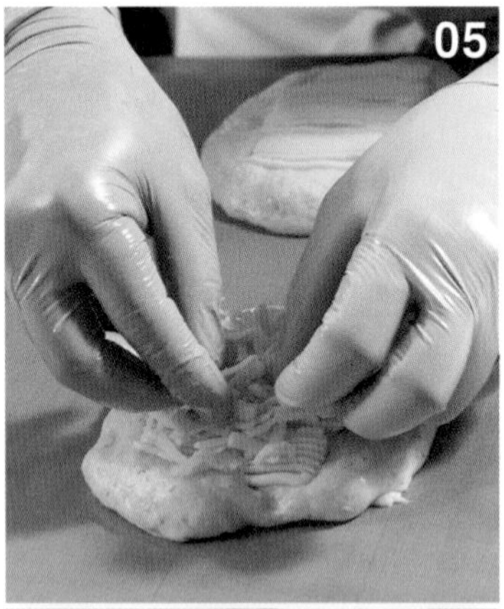

放上 30 公克的乳酪絲。灑上 3 公克的起司粉。

做法
3. 烤焙

將置放在耐烤烤盤紙上的麵團直接送入烤箱，抽出烤盤。不需噴蒸氣，以上火 285℃、下火 200℃烤 6 分鐘。

將成品塗上橄欖油。

寶春師傅
叮嚀

星野酵母白醬起司麵包不需噴蒸氣，是因為麵包上已有許多材料，若噴蒸氣會影響麵包的著色度。

星野酵母鮮蔬麵包

環境

室內溫度 26-28˚C

材料

星野酵母麵團 ………………… 100 公克
（做法見 P154）

備料

白醬 …………………………… 40 公克
（做法見 P226）
乳酪絲 ………………………… 30 公克
起司粉 ………………………… 1 公克
花椰菜 ………………………… 2 朵
（先用滾水燙熟再冷卻備用）
玉米筍 ………………………… 1 根
（先用滾水燙熟再冷卻備用）
小番茄 ………………………… 1 粒
橄欖油 ………………………… 適量
鹽 ……………………………… 0.5 公克

製程

- 分割。
- 中間發酵 30 分鐘。
- 整形。
- 裝飾。
- 烤焙。

做法

1. 分割

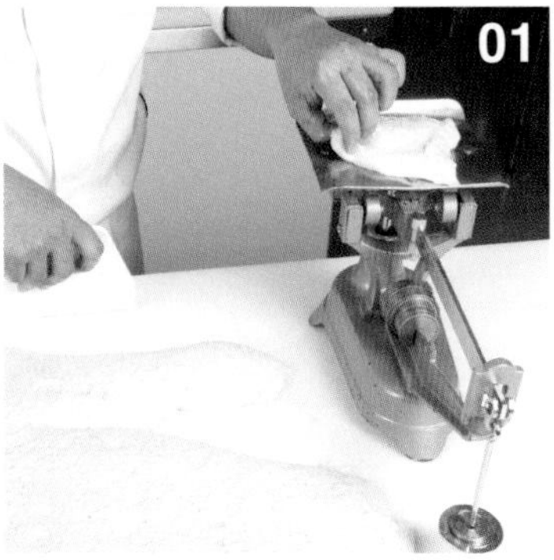

先在工作桌上噴灑橄欖油，避免麵團沾黏。麵團分割成 100 公克，盡量完整大塊切，太多細小碎塊會破壞麵團組織。

將分割的麵團四周麵皮往內折，手法類似捏包子方式，動作盡量輕柔。

將麵包箱底塗上橄欖油，避免麵團沾黏。將分割並折好的麵團放入麵包箱內。中間發酵 30 分鐘。

做法
2. 整形

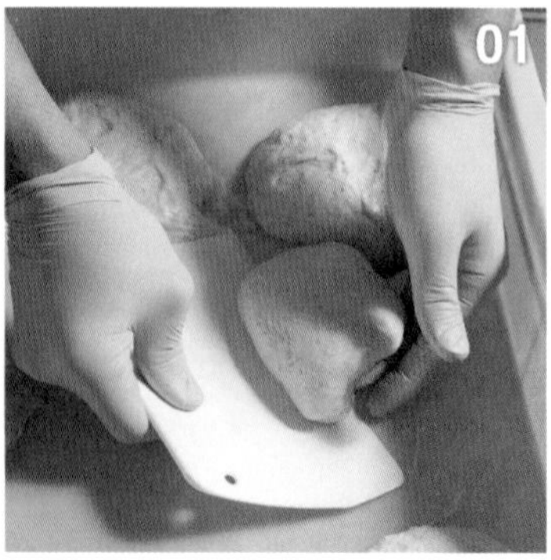

刮刀上抹上橄欖油，將麵團輕輕剷起。

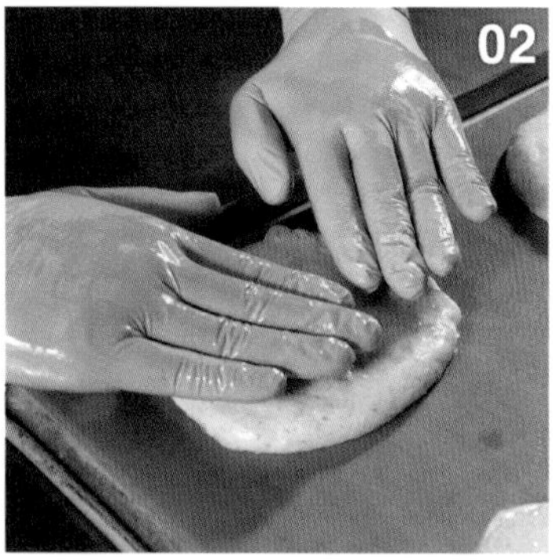

將麵團剷起後放置在耐烤烤盤紙上，並將麵團抹上橄欖油、輕輕壓成圓形。

灑上 0.5 公克的鹽。

抹上 40 公克的白醬。

放上適量的花椰菜、玉米筍、小番茄，玉米筍和小番茄都要對切，再放上 30 公克的乳酪絲。灑上 1 公克的起司粉。

做法
3. 烤焙

將在耐烤烤盤紙上的麵團，直接送入烤箱，抽出烤盤。不需噴蒸氣，以上火 285℃、下火 200℃烤 6 分鐘。

將成品塗上橄欖油。

貝果

我對貝果是三見鍾情。

貝果現在稱得上是烘焙食品中的「青春偶像」，不僅成為年輕人熱愛的時髦早午餐，並且因為它相對少油、低脂，符合近年來健康飲食的潮流，台灣街頭專賣貝果的連鎖店一家接著一家開，連超商裡都賣起了貝果。

但早些年前，對我們這些做傳統麵包的師傅來說，口感乾燥無味的貝果，根本是「不入流」的麵包，早先我和多數麵包師傅一樣，不把它放在眼裡。

所以，五年前，我任職工作單位的主管跟我說：「現在貝果好像很受歡迎，公司也想來賣貝果，你去做看看吧！」接到這樣的指令，我一心只想矇混過關，因為當下的我，對貝果真是興不起一絲絲的熱情和渴望啊！

從不屑一學到被「小圈圈」套牢

我四處問朋友：「怎麼做貝果？」有個朋友知悉我的處境和心情，願意情義相授，並且十分體貼地告訴我：「我教你做個改良式貝果吧，不用熱水燙，速成又好做。」

我聽了大樂。因為傳統貝果得用熱水燙，工序麻煩，如果能省一道工，又能交差，豈不兩全其美。那個朋友透露，改良貝果的做法很簡單：「只要烤焙時，在歐式烤爐上多噴一點蒸氣就好了。」

我興沖沖地在公司做了這款「偷吃步」的貝果，給主管送上。但那乾巴巴、白蒼蒼的貝果，完全騙不過主管的眼和嘴，他嚐了之後，臉色微慍地說：「這根本不是貝果，你想騙我！」我自知理虧，脹紅著臉，尷尬又詞窮地說：「這樣喔，這樣喔，那我再試試吧！」

我知道，用這種含混的態度是過不了關的，開始下苦心想認真學習。翻遍書籍，找到一本歐洲的貝果書，想照著做看看，特別請公司裡一名留法的副主廚幫我翻譯，但那本書的配方中，水量用得很少，依樣畫葫蘆做出來的貝果又硬又乾，簡直四不像，我暗自叫苦：「這怎麼能入口呢？」

兩度失敗，讓我見識到了貝果的「深度」，也自我反省：「為什麼那麼討厭貝果呢？」其實也只是一種自我設限的成見罷了，因為不了解而去排斥，最終只是讓自己格局施展不開。

於是再度四下求助，另一個朋友指點我，做貝果時要在麵團裡加上老麵，再放入冰箱冷藏發酵一晚，隔天再用熱水燙過，如此經過低溫發酵的貝果，才不會太乾燥。

這回，我照起工來做，果然做出進階版的貝果來。第一次讓我覺得：「原來貝果的滋味是這樣俏皮，我先前都錯過了它的美好！」不過，低溫發酵的貝果儘管不乾不燥，口感仍偏Q，不見得人人合意，我只能自我安慰：「沒辦法啦，我已發揮到極限了，能做出最厲害的貝果，就是這樣了。」

直到前三年，我和友人走訪日本東京一家位在惠比壽小餐館裡的有包餡料貝果，才真正打開我對貝果的味覺和技法的任督二脈，從此心甘情願讓這種「皮酥內軟還能玩各種餡料變化」、不油不膩的可愛「小圈圈」套牢。

做出美味貝果的祕密

這家小餐館原本只是賣簡餐，老闆親自掌廚，老闆娘為了幫夫，買了台小型攪拌機做貝果，原本只是隨餐附贈的小麵包，沒想到，愈做愈得心應手，口味愈來愈多，龍套變主秀，不少客人上門只為了想吃貝果，漸漸發展成一家貝果專賣店，小餐館搖身變成排隊發燒店，媒體大肆報導。

我和友人第一回去，走了許久才找到這家隱巷內的小店家，不料，才下午兩點，店內的貝果竟已被搶購一空。二度造訪，趕在一點多時到達，店裡也只剩十幾個貝果，趕緊全拿了結帳，終於如願嚐到。

這家店的貝果，表皮香脆、麵心濕潤又不過韌，最奪人心魂的是在貝果裡包上各式各樣的內餡，有巧克力系列、抹茶系列等十多種口味，替貝果創造了新的滋味。

老闆娘為了對顧客負責，不僅選用最好的麵粉，做工、器械和流程都始終如一，雖然現在已從一天賣二、三十個，大量增加到兩、三百個，仍堅持使用小型攪拌機攪拌麵團，寧願在小小的店裡擺著五、六台小型攪拌機，也不敢換大型攪拌機，就是擔心風味不同。

受到這家店的啟發，我回國用他們的配方和發想，自己再摸索做新式貝果，終於發現做出美味貝果的祕密——就是一定要當天攪拌、當天整形、當天烤焙，不再冷藏一夜，縮短發酵的時間，如此做出來的貝果，才能保有外脆內軟的口感，又不致於太Q而難以咀嚼。

除了麵團烤焙後的外在口感，貝果的「內涵」餡料更是讓它耐人尋味的關鍵，我找尋各種台灣的本土食材，開發貝果內餡，讓貝果層次更豐富。像是我麵包店裡現在賣的芒果貝果，選用芒果乾當食材，不但麵包有芒果丁，也把芒果乾打成泥，包在內餡裡，每天可賣出兩、三百個，十分受歡迎。後來還研發了番茄起司貝果這一個口味。

做麵包是件很有趣的事，自己的品味、性格，都能融入麵團中，賦予它活力和生命力；而用心灌注的麵包，又會回饋你新的靈感和思緒。

貝果教我的事，就是永遠不要讓想法被框架和成見釘住，創作和視野才會更多元，自此我更積極展開跨界的學習，像釀酒、聽音樂，讓自己每一個細胞都熱切地張開感受生活，隨時隨地吸取各種類的養分，而它最終都會灌注到我做出的麵包裡，成為豐富多層次的口感。

同時也讓我立下心願，未來我的公司一定要成立研發部門，帶領公司的師傅們到世界各地考察、學習各國的麵包文化，集思廣益開創出更多麵包的可能性，一個人的腦力、創意和品味都有限，要讓麵包店永續經營，一定要推陳出新，培養更多人材，研發出兼具口味創新和公司文化的特色麵包。

對於三見鍾情的貝果，現在的我，真是喜愛極了。

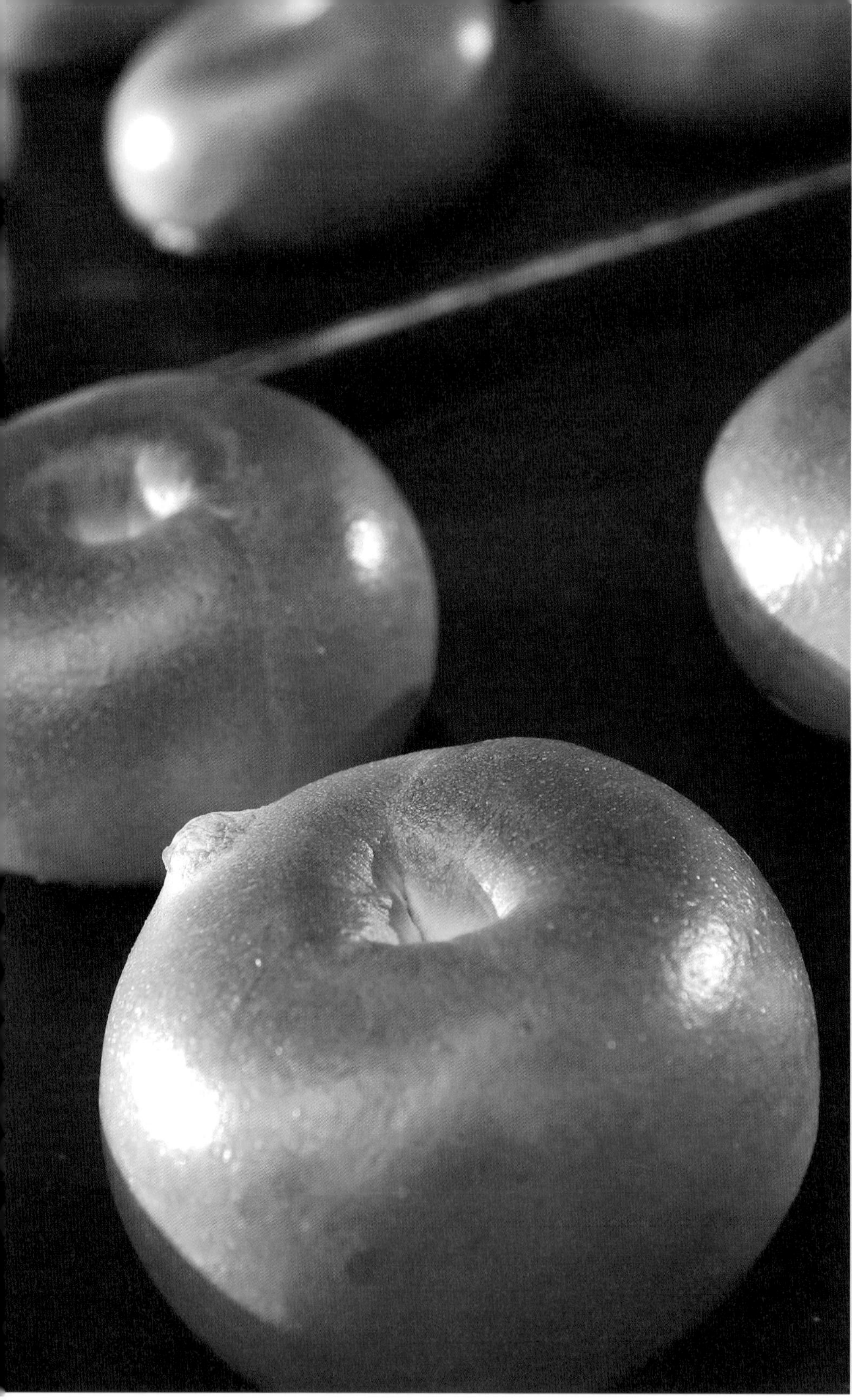

原味貝果

環境

室內溫度 26-28℃

材料

霓虹吐司粉	700 公克	70%
先鋒特高筋麵粉	300 公克	30%
砂糖	70 公克	7%
鹽	16 公克	1.6%
新鮮酵母	20 公克	2%
全蛋	50 公克	5%
水	450 公克	45%
無鹽奶油	40 公克	4%

備料

水	2000 公克
麥芽精	60 公克

製程

- 攪拌（攪拌完的麵團溫度為 26℃）。
- 第一次基本發酵 30 分鐘。
- 分割。
- 中間發酵 10 分鐘。
- 整形。
- 最後發酵 60 分鐘。
- 燙煮麵團。
- 烤焙。

做法

1. 攪拌

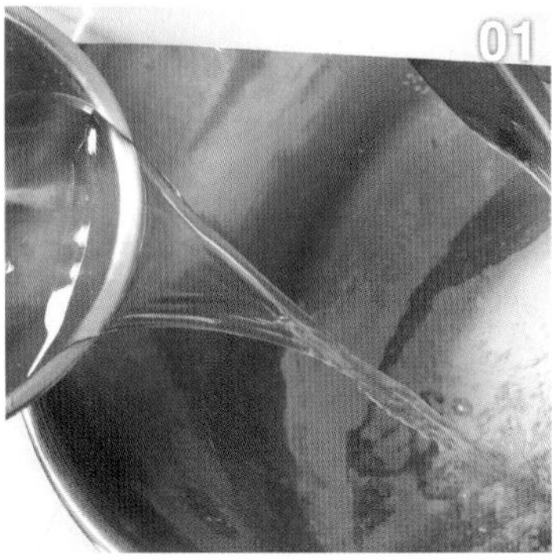

將兩種麵粉、砂糖、鹽、全蛋、水倒入攪拌機。

慢速攪拌 2 分鐘後，加入新鮮酵母，再繼續慢速攪拌 3 分鐘。

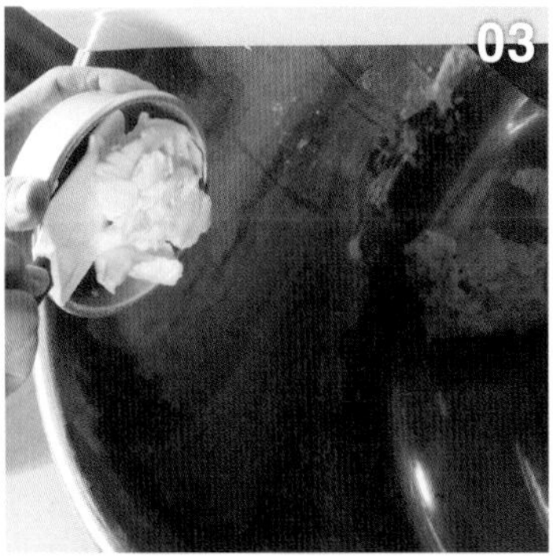

把無鹽奶油加入，持續慢速攪拌 6 分鐘。攪拌完成溫度為 26℃。麵團第一次基本發酵 30 分鐘。

做法

2. 分割

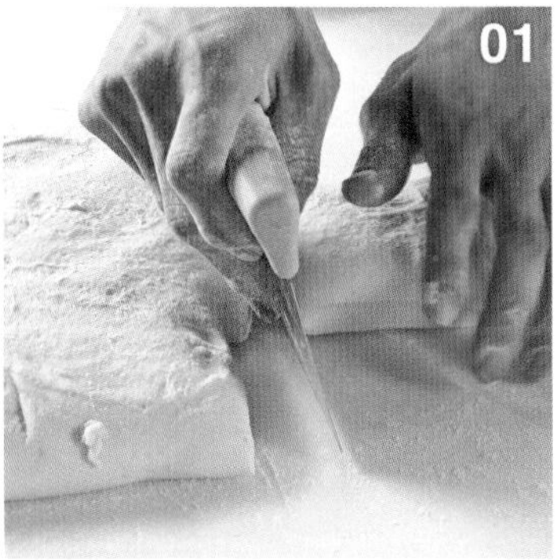

將麵團進行分割，每塊 100 公克。將分割後的每塊麵團搓揉成圓形。讓這些麵團進行中間發酵 10 分鐘。

做法
4. 燙煮

2000 公克的水加入 60 公克麥芽精，開火加熱，水滾後轉至中火，將貝果麵團加入。

燙 30 秒後，翻面再燙 30 秒。

將燙好的貝果用篩網撈起瀝乾，放入烤盤直接送入烤箱。

做法
3. 整形

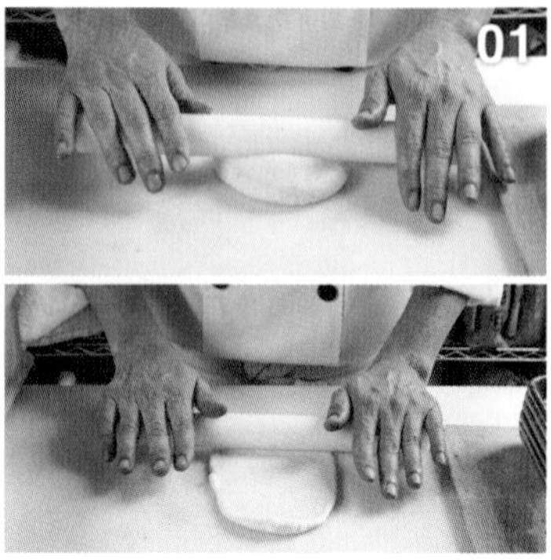

將麵團以手輕輕壓平，以擀麵棍由上往下擀平麵團。

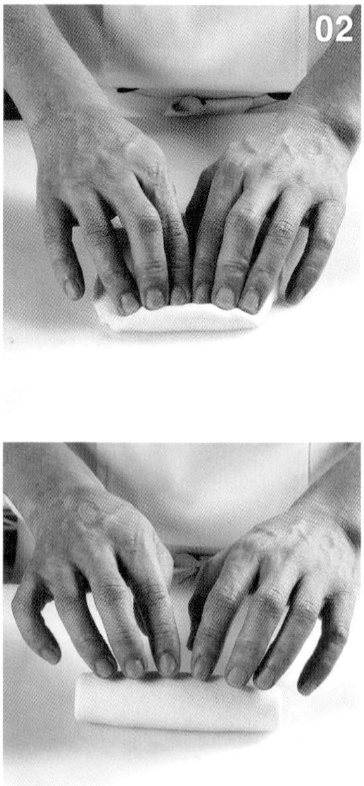

將擀平的麵團翻面後，由下往上捲成條狀。

把麵團的一端掀開，包住另一端，做成一個圈圈形。讓麵團進行最後發酵 60 分鐘。

寶春師傅叮嚀

煮貝果時，最好控制在一分鐘內，如此表皮才會光滑，吃起來才會軟硬適中；若煮超過一分鐘，不但表皮會變皺，也會影響口感。

做法

5. 烤焙

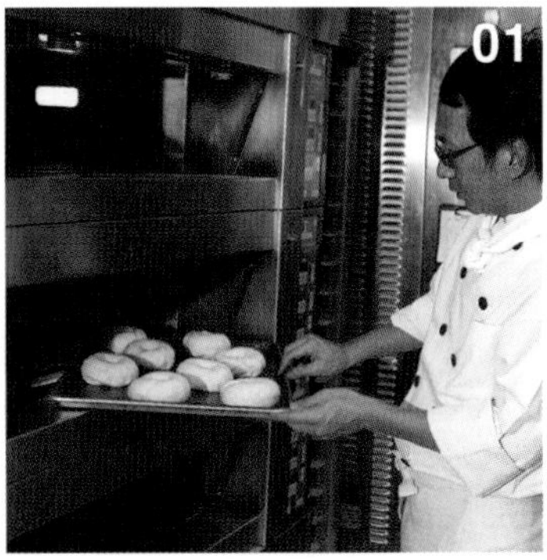

以上火 240℃、下火 195℃烤 18 分鐘。

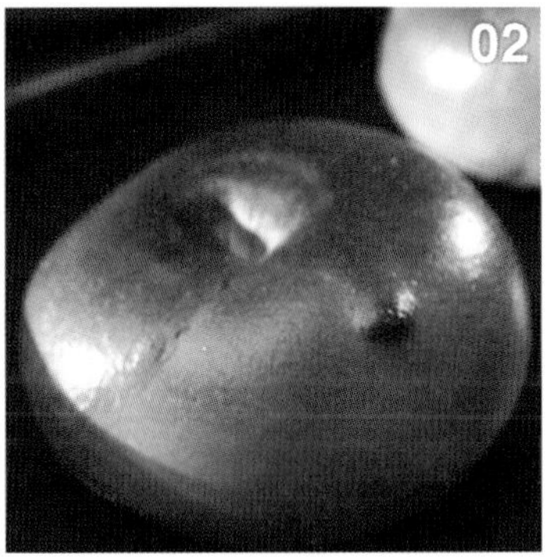

咬勁十足、皮韌內軟的原味貝果。

藍莓貝果

做法

1. 攪拌

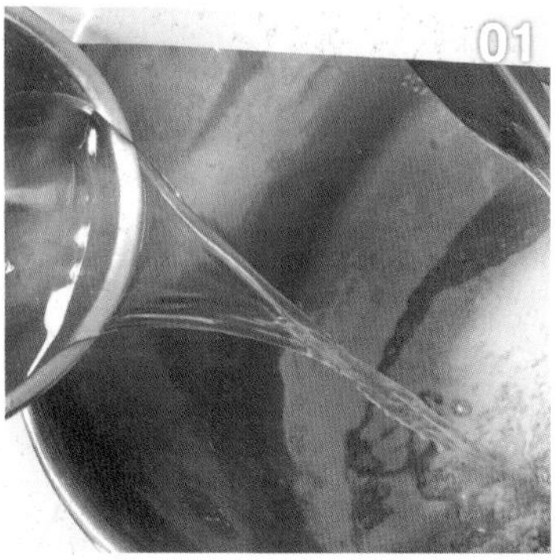

將兩種麵粉、砂糖、鹽、全蛋、水倒入攪拌機。

慢速攪拌 2 分鐘後，加入新鮮酵母，再繼續慢速攪拌 3 分鐘。

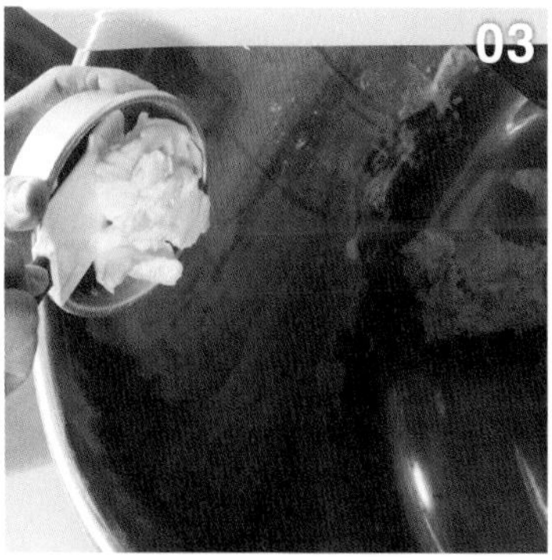

把無鹽奶油加入，持續慢速攪拌 6 分鐘。

將野生藍莓乾加入麵團，持續慢速攪拌 2 分鐘，讓麵團與野生藍莓乾充分混合。攪拌完成溫度為 26℃。麵團第一次基本發酵 30 分鐘。

環境

室內溫度 26-28℃

材料

霓虹吐司粉	700 公克	70%
先鋒特高筋麵粉	300 公克	30%
砂糖	70 公克	7%
鹽	16 公克	1.6%
新鮮酵母	20 公克	2%
全蛋	50 公克	5%
水	450 公克	45%
無鹽奶油	40 公克	4%
野生藍莓乾	160 公克	16%

備料

水	2000 公克
麥芽精	60 公克

製程

- 攪拌(攪拌完的麵團溫度為 26℃)。
- 第一次基本發酵 30 分鐘。
- 分割。
- 中間發酵 10 分鐘。
- 整形。
- 最後發酵 60 分鐘。
- 燙煮麵團。
- 烤焙。

做法
2. 分割

將麵團進行分割，每塊 100 公克。將分割後的每塊麵團搓揉成圓形。讓這些麵團進行中間發酵 10 分鐘。

做法
3. 整形

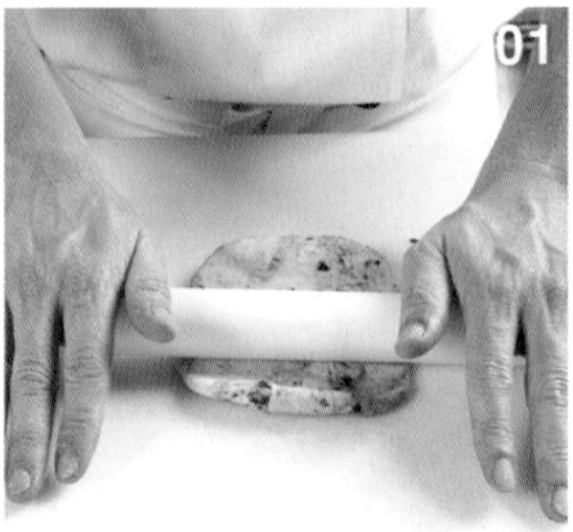

將麵團以手輕輕壓平，以擀麵棍由上往下擀平麵團。

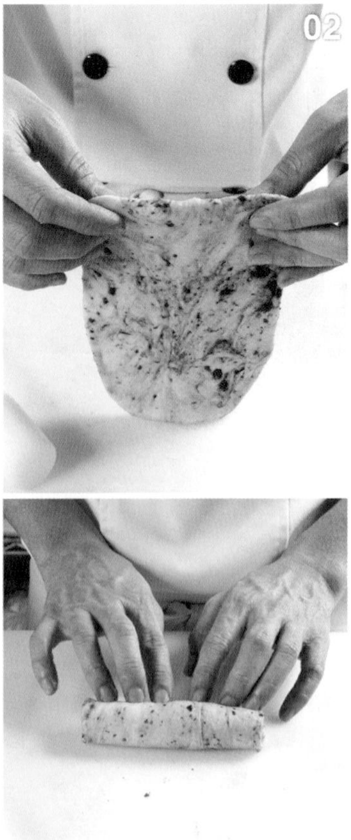

將擀平的麵團翻面後，由下往上捲成條狀。

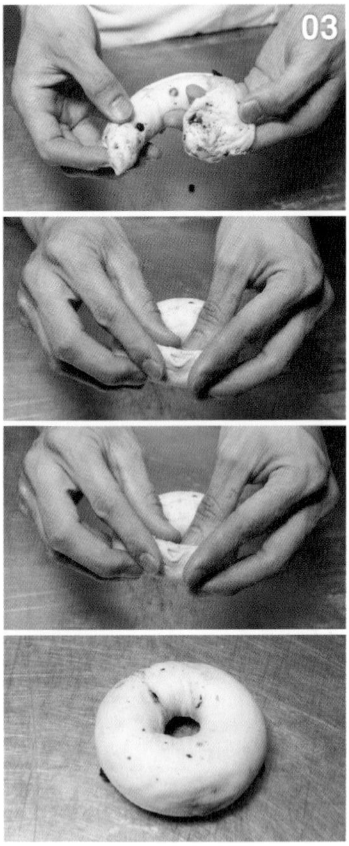

把麵團的一端掀開，包住另一端，做成一個圈圈形。讓麵團進行最後發酵 60 分鐘。

做法

4. 燙煮

2000 公克的水加入 60 公克麥芽精，開火加熱，水滾後轉至中火，將貝果麵團加入。

燙 30 秒後，翻面再燙 30 秒。

將燙好的貝果用篩網撈起瀝乾，放入烤盤直接送入烤箱。

做法

5. 烤焙

以上火 240℃、下火 195℃烤 18 分鐘。

風味十足的藍莓貝果。

芒果貝果

做法
1. 攪拌

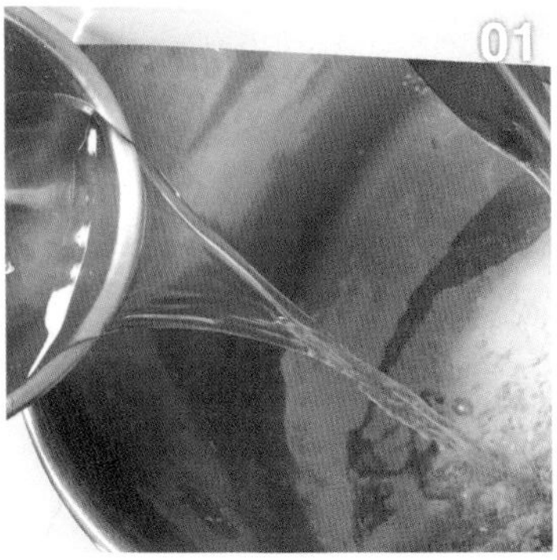

將兩種麵粉、砂糖、鹽、全蛋、水倒入攪拌機。

慢速攪拌 2 分鐘後，加入新鮮酵母，再繼續慢速攪拌 3 分鐘。

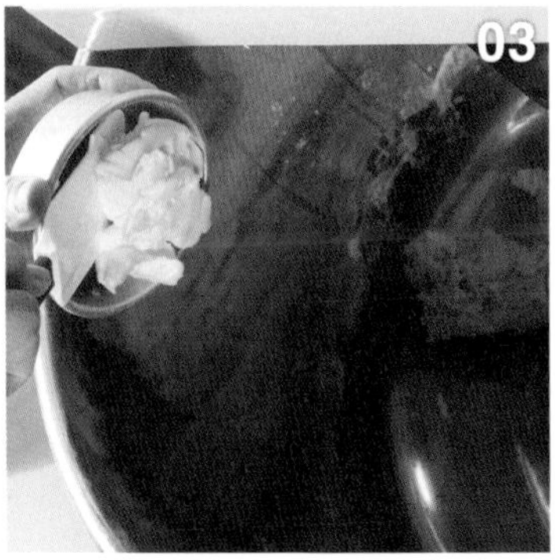

把無鹽奶油加入，持續慢速攪拌 6 分鐘。

將事先切成小丁的芒果乾加入，慢速攪拌 2 分鐘，讓麵團與芒果乾充分混合。攪拌完成溫度為 26℃。麵團第一次基本發酵 30 分鐘。

環境

室內溫度 26-28℃

材料

霓虹吐司粉	700 公克	70%
先鋒特高筋麵粉	300 公克	30%
砂糖	70 公克	7%
鹽	16 公克	1.6%
新鮮酵母	20 公克	2%
全蛋	50 公克	5%
水	450 公克	45%
無鹽奶油	40 公克	4%
芒果乾（切小丁）	150 公克	15%

備料

水	2000 公克
麥芽精	60 公克
芒果泥	15 公克

（做法見 P222）

製程

- 攪拌（攪拌完的麵團溫度為 26℃）。
- 第一次基本發酵 30 分鐘。
- 分割。
- 中間發酵 10 分鐘。
- 整形。
- 最後發酵 60 分鐘。
- 燙煮麵團。
- 烤焙。

做法

2. 分割

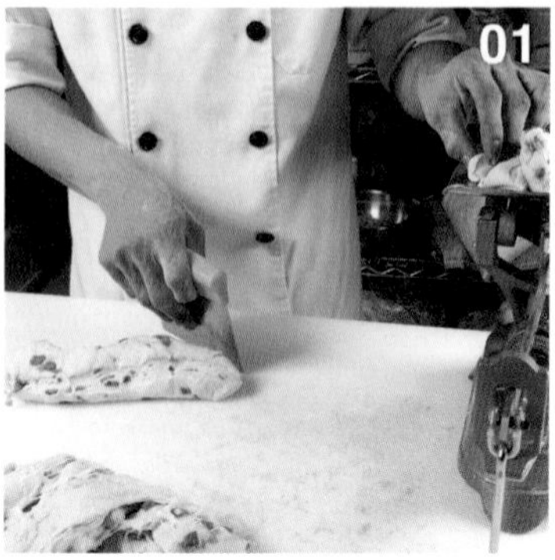

將麵團進行分割，每塊 100 公克。

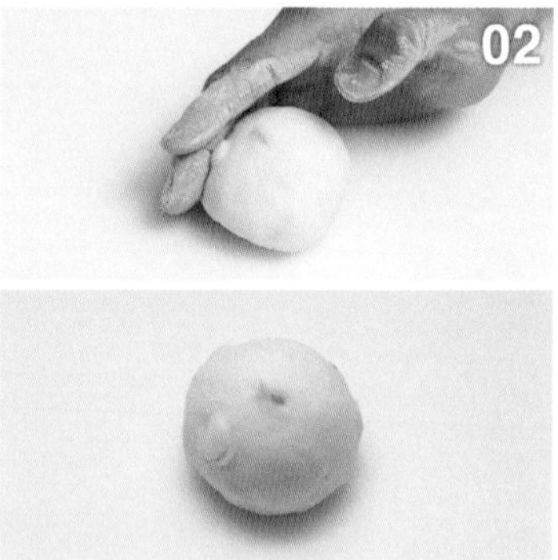

將分割後的每塊麵團搓揉成圓形。讓這些麵團進行中間發酵 10 分鐘。

做法

3. 整形

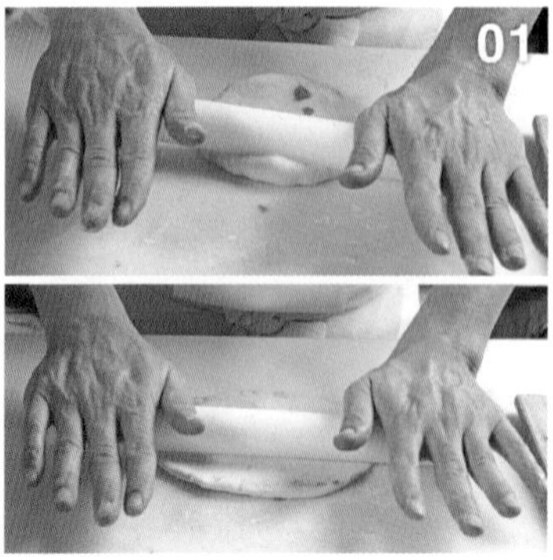

將麵團以手輕輕壓平，以擀麵棍由上往下擀平麵團。

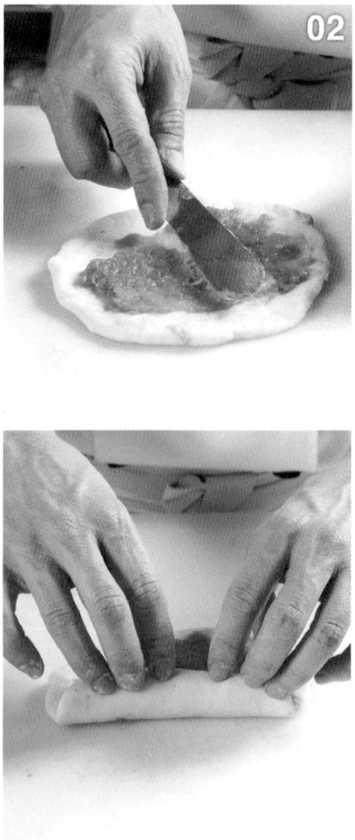

翻面後，塗抹 15 公克的芒果泥，再由上往下捲成條狀。

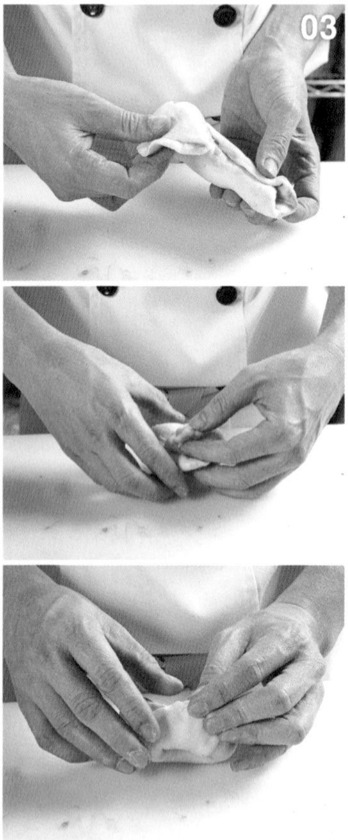

把麵團的一端掀開，包住另一端，做成一個圈圈形。讓麵團進行最後發酵 60 分鐘。

做法
4. 燙煮

2000 公克的水加入 60 公克麥芽精，開火加熱，水滾後轉至中火，將貝果麵團加入。

燙 30 秒後，翻面再燙 30 秒。

將燙好的貝果用篩網撈起瀝乾，放入烤盤直接送入烤箱。

做法
5. 烤焙

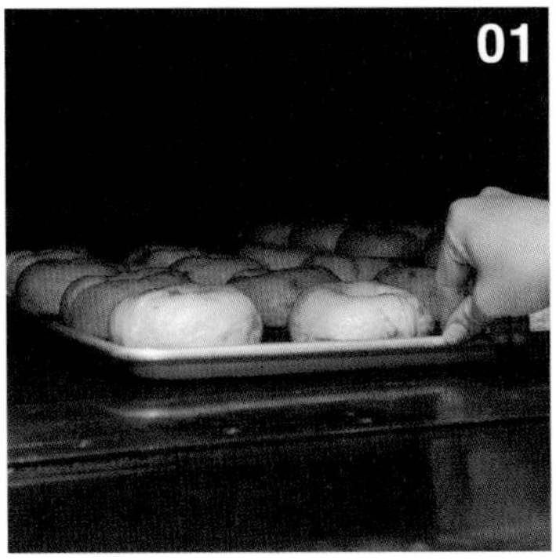

以上火 240℃、下火 195℃ 烤 18 分鐘。

呈現出香甜風味的芒果貝果。

番茄起司貝果

環境

室內溫度 26-28℃

材料

霓虹吐司粉 ………	700 公克	70%
先鋒特高筋麵粉 …	300 公克	30%
砂糖 …………………	70 公克	7%
鹽 ……………………	16 公克	1.6%
新鮮酵母 ……………	20 公克	2%
全蛋 …………………	50 公克	5%
水 ……………………	450 公克	45%
無鹽奶油 ……………	40 公克	4%
半乾番茄 ………… (做法見 P228)	160 公克	16%
義大利乾燥綜合香草 …	50公克	5%

備料

水 …………………………	2000 公克
麥芽精 ……………………	60 公克
高塔起司 …………………	12 公克

製程

- 攪拌(攪拌完的麵團溫度為 26℃)。
- 第一次基本發酵 30 分鐘。
- 分割。
- 中間發酵 10 分鐘。
- 整形。
- 最後發酵 60 分鐘。
- 燙煮麵團。
- 烤焙。

做法

1. 攪拌

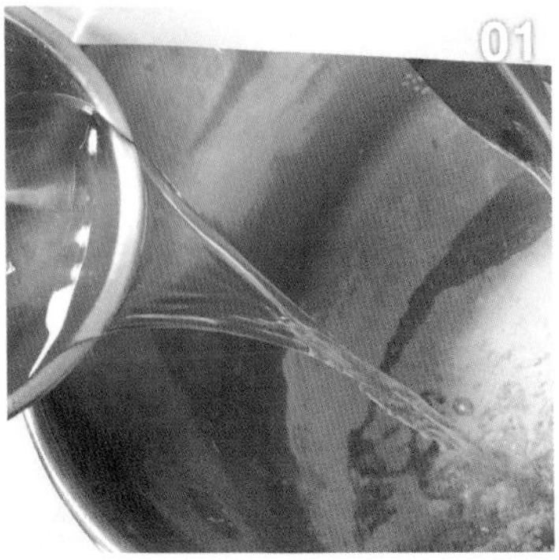

將兩種麵粉、砂糖、鹽、全蛋、水倒入攪拌機。

慢速攪拌 2 分鐘後，加入新鮮酵母，再繼續慢速攪拌 3 分鐘。

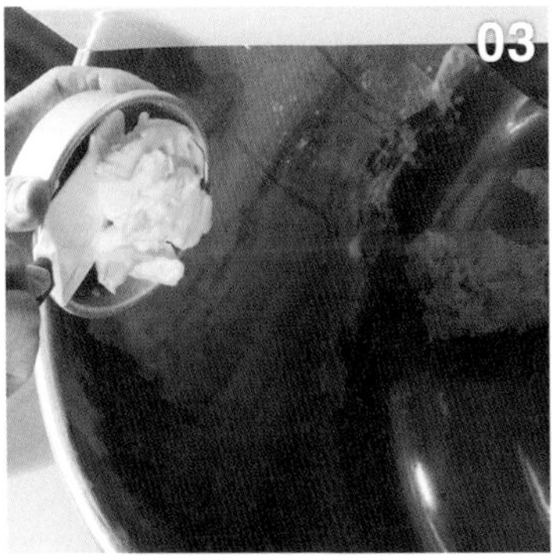

把無鹽奶油加入，持續慢速攪拌 6 分鐘。

將義大利乾燥綜合香草及半乾番茄加入攪拌機，持續慢速攪拌 2 分鐘，達到充分混合。攪拌完成溫度為 26℃。麵團第一次基本發酵 30 分鐘。

做法
2. 分割

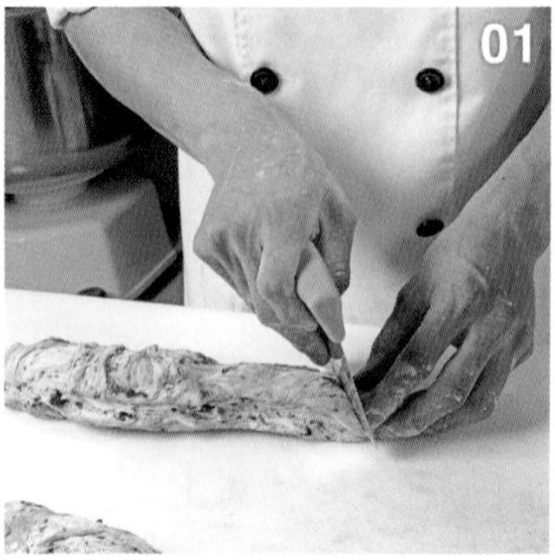

將麵團進行分割，每塊 100 公克。將分割後的每塊麵團搓揉成圓形。讓這些麵團進行中間發酵 10 分鐘。

做法
3. 整形

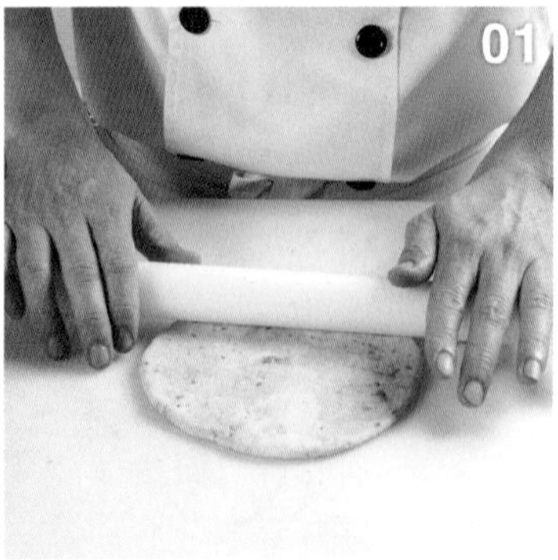

將麵團以手輕輕壓平，以擀麵棍由上往下擀平麵團。

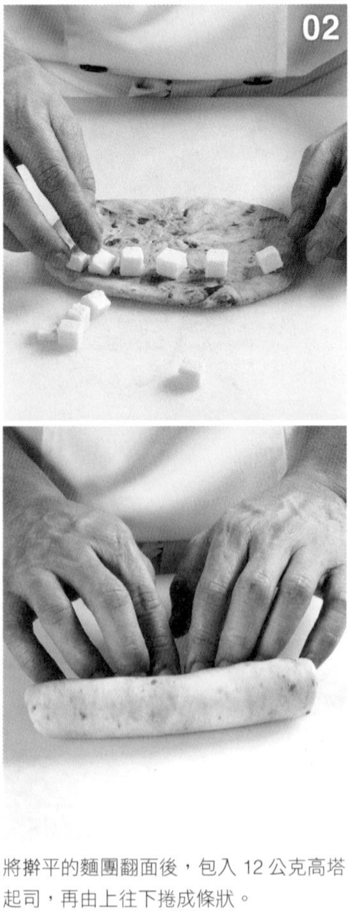

將擀平的麵團翻面後，包入 12 公克高塔起司，再由上往下捲成條狀。

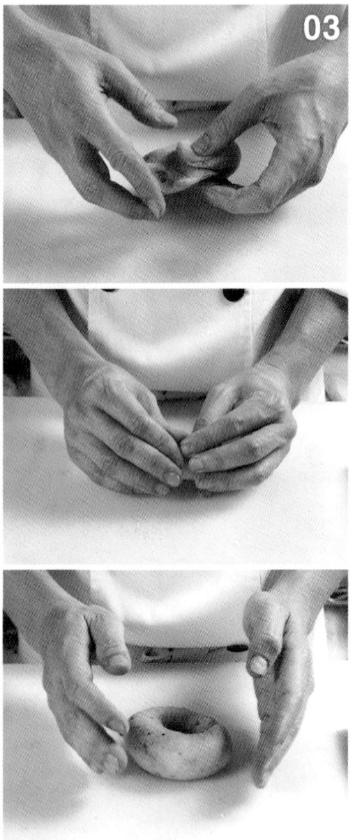

把麵團的一端掀開，包住另一端，做成一個圈圈形。讓麵團進行最後發酵 60 分鐘。

做法
4. 煮燙

2000 公克的水加入 60 公克麥芽精，開火加熱，水滾後轉至中火，將貝果麵團加入。

燙 30 秒後，翻面再燙 30 秒。

將燙好的貝果用篩網撈起瀝乾，放入烤盤直接送入烤箱。

做法
5. 烤焙

以上火 240℃、下火 195℃烤 18 分鐘。

番茄起司貝果擁有迷人的風味。

冠軍麵包

酒釀桂圓麵包和荔枝玫瑰麵包是世界認識我的起點，也是我用情最深的作品。不是因為這兩款麵包帶我邁上了世界麵包殿堂的巔峰，而是其中揉合著對母親、故鄉點點滴滴的愛意，被世界看見、認同、肯定「吳寶春」背後的那些溫柔牽絆。

二〇〇六年冬天，我因為準備隔年亞洲盃暨世界麵包大賽苦無靈感，陷入空前的低潮，我怎麼都想不通賽事規則中要求的「國家特色麵包」該如何呈現，於是回到家鄉尋求撫慰。

一款為媽媽而做的麵包

我的家鄉在大武山的山腳下，冬日也有南國獨享的暖陽，那天，在黃昏的故鄉裡，我讓自己回到孩童時期，找童年玩伴聊聊天，然後獨自一人打著赤腳，踩著故鄉的泥土一步步走回家。故鄉還是一樣的故鄉，但同伴和我，都不再是天真無憂的孩子；家，也因媽媽病逝，再也聽不見她那急急的呼喚：「阿春，返來呷飯！」而變得孤寂。

一陣惆悵迎面襲擊，就在四下靜悄悄的瞬間，突然，一股熟悉的味道驅趕了我的空虛，「是媽媽做的桂圓糯米糕的香氣呀！」那是連結了兒時溫馨記憶的味道。媽媽是影響我一生最重要的人，她沒有教過我們什麼大道理，但家裡再怎麼貧乏，都沒有忘記在冬至為兒女煮上一鍋桂圓糯米糕，溫暖兒女的心。在她勞苦的一生中，從不曾怨天尤人，即使委屈、無奈，都帶著感恩的心，這教會我：不要埋怨，不要爭辯，凡事腳踏實地去做。

從小到大，在外受到挫折或心情低落時，我只要看到媽媽就能獲得力量。此時，彷彿媽媽又在給我指引，她在冬至時做的桂圓糯米糕的味道突然出現，而亞洲盃比賽當天正好是母親節，彷彿在傳遞一個訊息：要我做一款為媽媽而做的麵包。

剎那間，我從憂愁的情緒裡掙脫，靈感乍現讓心裡湧上了甘甜喜悅，國家特色麵包如果除了台灣的特色外，還能融入我對媽媽的愛，一定更棒！小時候，是媽媽為我們煮上一鍋暖呼呼、甜滋滋的桂圓糯米糕，給孩子們最巨大的愛；現在，換我為媽媽做一款桂圓麵包，表達我對她最深的恩情和感念。

回到高雄後，我立即用這個味道試做桂圓麵包，果然呈現出很迷人的風味。但我也擔心個人的情感影響了專業的判斷，請同事幫忙試吃，還特別商請一名在法國待了半年的副主廚給意見。但大夥的意見不一，我就食材、麵粉、造型，足足調整了半年。光是尋找合適的桂圓，就跑遍了許多地方，最後是把我推向世界麵包舞台的貴人王冠堯先生，替我找到台南東山地區的桂圓乾做麵包，我才知道農民們是因為採收期短、販售不完，才想到製乾的方式來保存。但燻製龍眼乾的過程必須以每年修枝的龍眼木晒乾後當燃料，六天五夜不斷火，甚至還要搭帳蓬睡在窯爐旁，這是深具台灣人情與特色的文化和味道。

一開始求好心切，想用最好的日本精緻麵粉來做這款酒釀桂圓麵包，但麵粉中的灰質含量低，做出來的口感太細，也無法呈現出桂圓的風味，不符合歐式麵包粗獷的特色；也曾加了過多的鹽，導致口感太鹹，桂圓的甘味也被蓋過；還因為老麵放了太多，口味太酸，讓麵粉過發而容易老化。

配方的調整、老麵的增減、時間的調配和外形塑造，做麵包就像是做實驗，一點點變化都會影響最後的呈現；即使同樣的配方，分割五百公克和一千公克的口感都會不同，這是麵包師傅最大的挑戰，也是最好玩的地方。這段期間，我練習了幾百個小時，做出了成千上萬個麵包，要感謝當時每一個擔任「人體試驗」的朋友們。

我小時候不愛念書，作業通常都沒寫完，那段準備參賽的過程，是我這輩子最認真寫作業的時候。我有一本「麵包筆記」，把當時每一個過程都詳實記錄下來，裡面有九百九十九種失敗的配方、難看的造型，全是為了求得最後那一次最完美組合的功臣，至今我仍珍藏著這本破舊的筆記，它是我流汗流淚、掏心掏肺的見證，也是最親密的戰友。

台灣製造，世界發光

二〇〇七年，台灣代表隊一舉拿到亞洲盃冠軍，取得前進世界盃的資格，大家有志一同，許下要朝世界冠軍前進的夢想，那種夢想發酵的感覺，真的很美好。不過，因為台灣隊伍是第一次進軍世界盃，支援不足，連隨隊的翻譯都沒有。二〇〇八年的比賽，我們雖然一舉奪下亞軍，但當時大會請的翻譯，竟然把「桂圓」翻譯成「櫻桃」，櫻桃在歐洲是很普遍的水果，評審嚐了麵包後，都知道那根本不是櫻桃，直接把翻譯請下台。沒能把「酒釀桂圓」麵包的發想緣由和感念媽媽的創意概念傳達清楚，迄今讓我無法釋懷。我也因此覺得，語言是和世界溝通並展現自己最重要的工具，現在我的店裡，都會請外語老師免費為員工上課，無非就是希望年輕的同仁，擁有一個良好的語言工具。

二〇〇八年的世界盃賽事拿到第二名，讓我取得兩年後個人的大師賽比賽資格。這回，我選擇用荔枝玫瑰當素材，靈感則是來自讓我初次享受世界級榮耀的法國。

我每到一個國家旅行或進修，最喜歡逛當地的超市或市集，那是充分反映國家文化和生活態度的地方。二〇〇八年比賽的空檔，我去逛了法國當地的超市和市集，發現到處都在賣荔枝乾，才知道原來法國人嗜吃荔枝。

但法國進口的是南非荔枝，又瘦又乾、不甜又沒水分。我心裡狐疑：「為什麼法國不進口台灣的荔枝，那可是比南非的要好吃千萬倍。」當下暗自立誓：「二〇一〇年，再回到法國比賽時，一定要讓法國人吃到真正好吃的台灣荔枝。」

回國後我馬上投入研發這款新麵包。新鮮荔枝不能做麵包，一樣得用果乾，但荔枝的品種很多，有玉荷包、黑葉、糯米，製乾後的口感和風味都不同。我試過不同品種，最後覺得糯米品種做的荔枝乾，甜味適中、纖維細緻，味道最對。

但要能把荔枝乾的味道釋放出來，需要靠酒再浸泡。一開始使用的是小米酒，似乎和荔枝的氣味不合，最後找到一款荔枝酒，將荔枝乾浸泡後，果真更能讓荔枝的風味加乘。在食材達人徐仲的介紹下，找到南投埔里種植無毒食用玫瑰的「玫開四度」，口感和風味都不輸國外，這才讓荔枝玫瑰組合到位。

雖然當時不少好朋友都替我擔心，用歐洲人最熟悉和擅長的食材挑戰歐洲人，風險太大了，但我信心十足，「如果真的失敗了，是我自己技術的問題，不會是食材的問題。」我相信，自己的技術和台灣小農用心栽培的食材，都不會輸人。

果然，二〇一〇年參賽時，歐洲的評審一嚐，覺得麵包裡的果乾味道很熟悉，卻又不知道是什麼。經過解釋，評審才恍然大悟，原來是他們喜愛的荔枝，但風味卻勝過法國荔枝千百倍。是台灣的好果、好味，把我推向一直期許自己的「世界第一」，我也一直期許自己，要盡一切的可能，協助在地小農。

台灣可以運用在麵包上的果乾很多，如芒果乾、香蕉乾等，我已逐步採用。未來要開發更多的本土果乾素材，持續用最美味的台灣果味做出最美味的麵包，這幾年，走入小農的世界，對台灣農業豐厚的底蘊更深具信心，如果由烘焙業帶頭，結合用心種植、加工的小農們，造成一個共榮環境，將是非常值得期待的。

荔枝玫瑰麵包

環境

室內溫度 26-28℃

中種麵團材料

水手牌特級強力粉…1726 公克		46.8%
魯邦種老麵 ……… 300 公克		8.1%
(做法見 P212)		
荔枝酒 …………… 150 公克		4%
水 ………………… 900 公克		24.4%

製程

- 攪拌(攪拌完的麵團溫度為 20℃)。
- 基本發酵需 12 ～ 15 小時。
- 發酵室溫為 10℃。

主麵團材料

中種麵團 ……………… 全量		
烏越鐵塔麵粉 …… 1500公克		40.6%
水手牌特級強力粉 … 465 公克		12.6%
麥芽精 ……………… 18公克		0.5%
水 ………………… 1330 公克		36%
鹽 …………………… 44公克		1.2%
新鮮酵母 …………… 45 公克		1.2%
核桃 ……………… 370 公克		10%
荔枝乾 …………… 800 公克		21.6%
玫瑰花瓣 …………… 4 公克		0.1%
荔枝酒 …………… 110 公克		3%

(荔枝乾、玫瑰花瓣需先用 110 公克荔枝酒一起浸泡 12 小時備用)

製程

- 攪拌(攪拌完的麵團溫度為 24℃)。
- 第一次基本發酵 60 分鐘。
- 翻面。
- 第二次基本發酵 30 分鐘。
- 分割。
- 中間發酵 30 分鐘。
- 整形。
- 最後發酵 50 分鐘。
- 烤焙。

做法

1. 中種麵團攪拌

將特級強力粉、魯邦種老麵、荔枝酒、水倒入攪拌機。

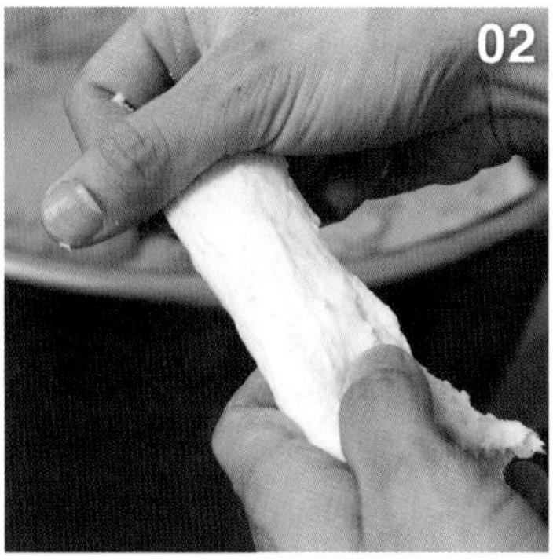

慢速攪拌 4 分鐘，再快速攪拌 1 分鐘，直到看不到粉狀麵粉，麵團溫度為 20℃。

做法

2. 中種麵團基本發酵

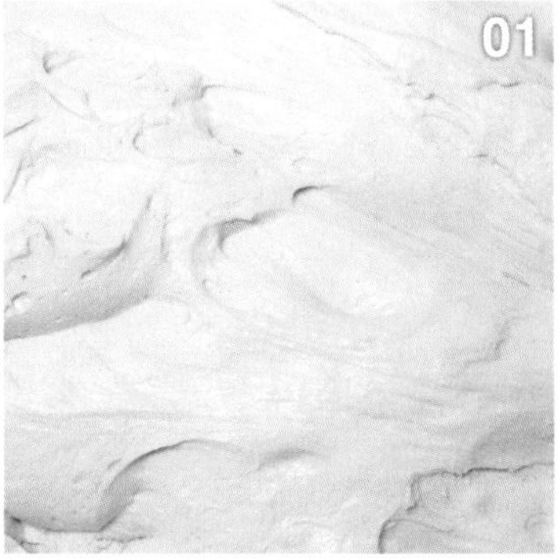

發酵箱溫度控制在 10℃、濕度 60%，將麵團放入發酵箱 12 ～ 15 小時。

做法

1. 主麵團攪拌

完成發酵的中種麵團與麥芽精混合水溶解，和特級強力粉、烏越鐵塔麵粉、鹽，一起放入攪拌機。

慢速攪拌 2 分鐘，立即加入新鮮酵母後，持續慢速攪拌 4 分鐘。

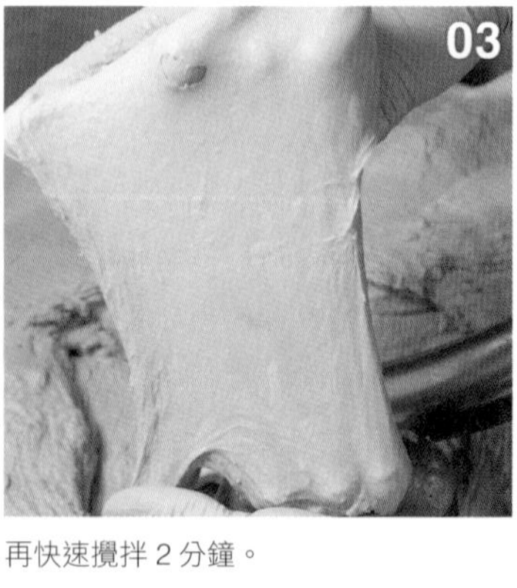

再快速攪拌 2 分鐘。

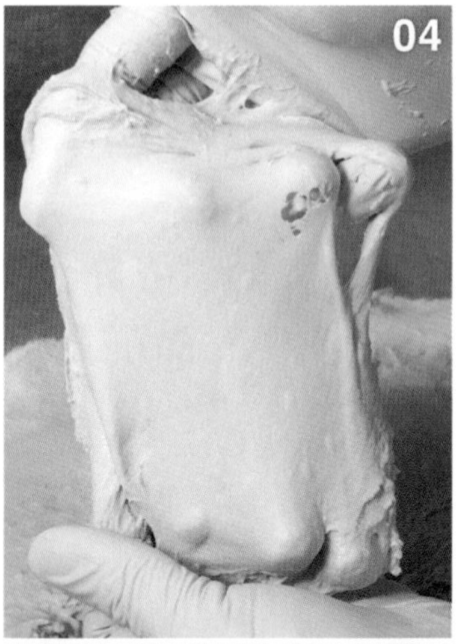

加入荔枝乾、玫瑰花瓣、核桃後，再慢速攪拌 1 分鐘。確認果乾和麵團完全拌勻。麵團溫度為 24℃。

做法

2. 主麵團發酵

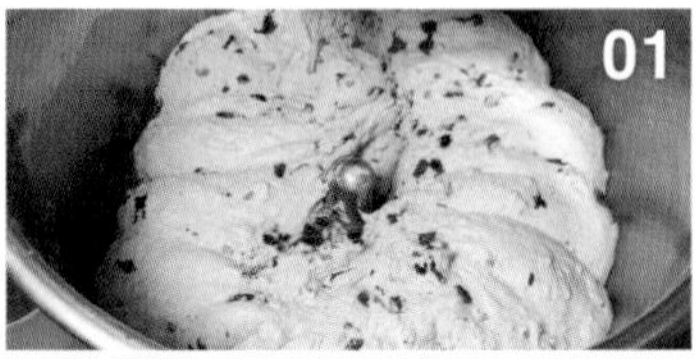

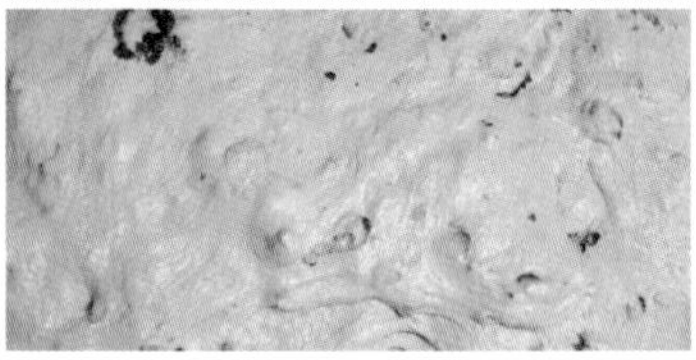

第一次基本發酵：發酵 60 分鐘。

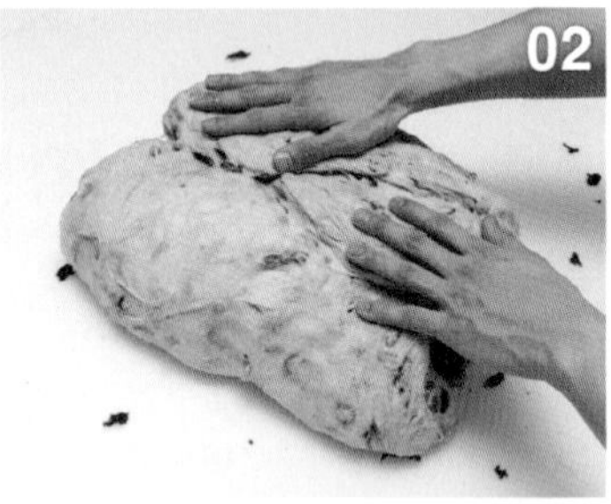

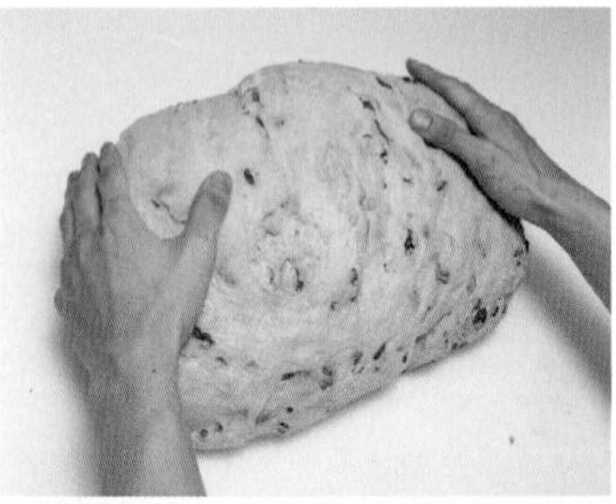
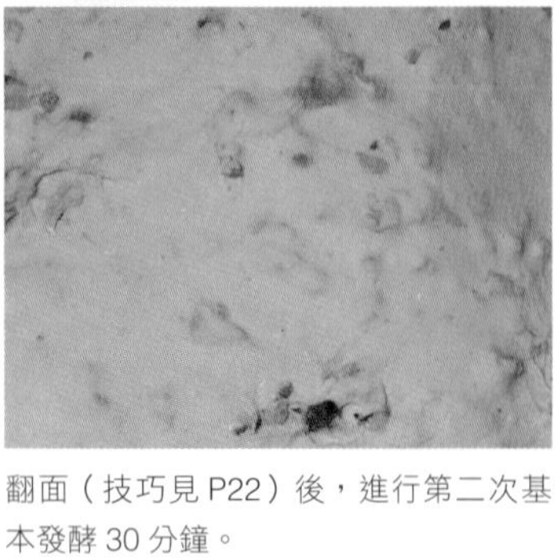

翻面（技巧見 P22）後，進行第二次基本發酵 30 分鐘。

做 法
3. 主麵團分割

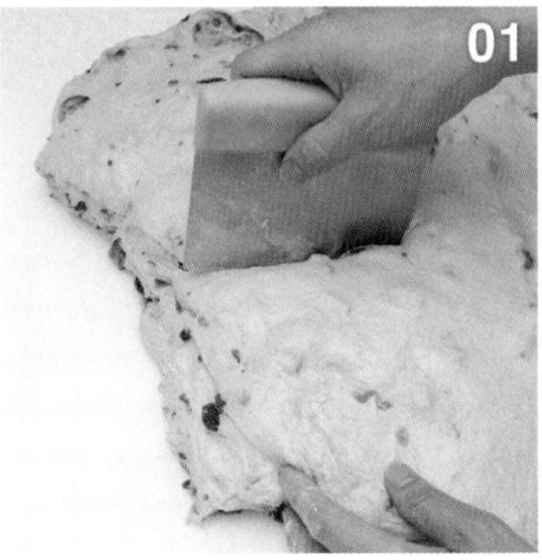

將主麵團做分割，每塊為 1 公斤重。

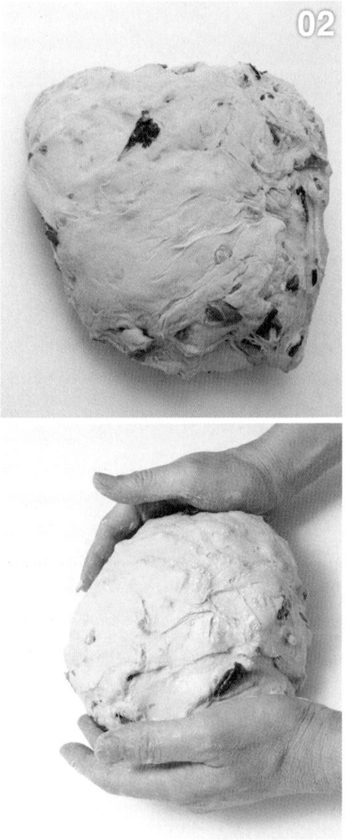

分割後滾圓。

中間發酵：麵團再發酵 30 分鐘。

做 法
4. 主麵團整形

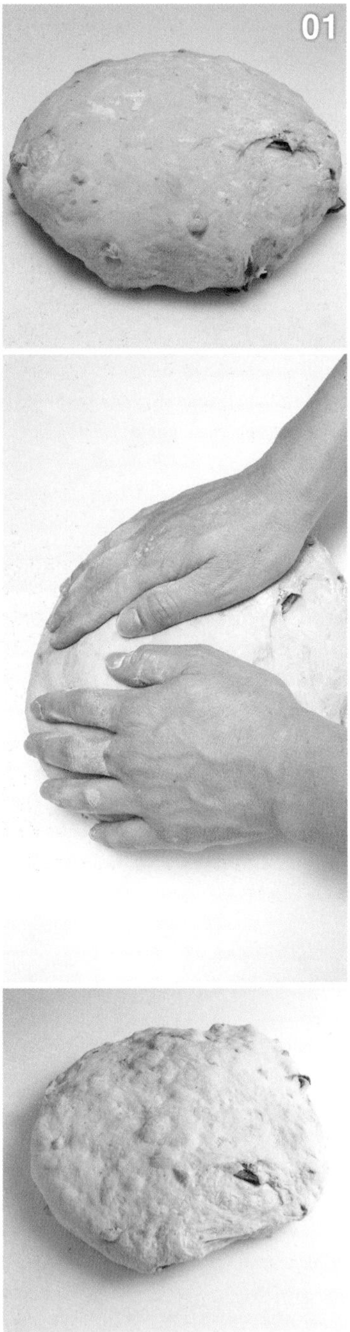

將發酵後的麵團揉成圓形後，輕輕拍打出 2/3 的空氣。

做 法

5. 主麵團烤焙

將鐵模 LOGO 置於麵團上，灑上麵粉。

用劃刀在麵團左右輕劃兩刀。

放入發酵木箱常溫 28℃，進行最後發酵 50 分鐘。

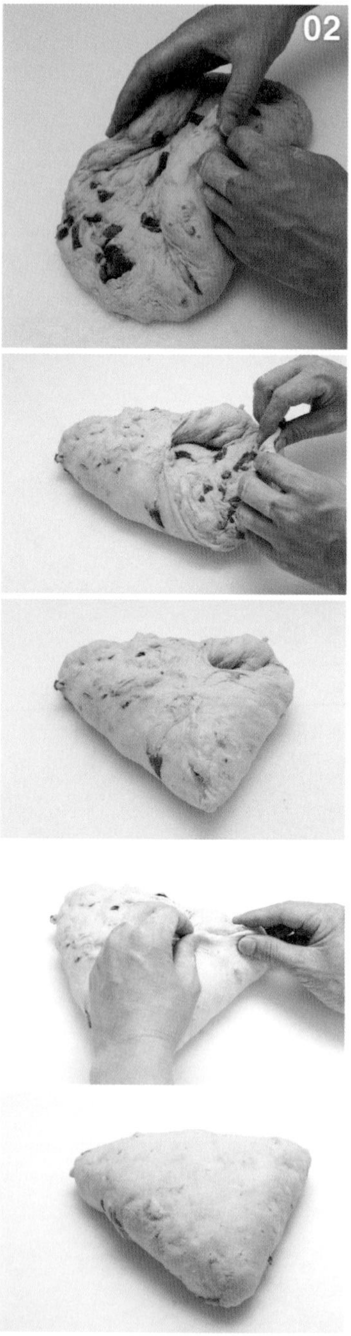

由麵團上下兩邊拉起捏合、再將兩邊捏合，塑成一個三角形。

開啟烤箱蒸氣 5 秒，將麵團送入烤箱，以上火 220℃、下火 220℃烤 38 分鐘。

味覺層次豐富、深具美感的荔枝玫瑰麵包。

「酒釀桂圓麵包」

環境

室內溫度 26-28℃

中種麵團材料

黃駱駝高筋麵粉	1400 公克	46.6%
魯邦種老麵（做法見 P212）	300 公克	10%
紅酒	450 公克	15%
葡萄菌水（做法見 P206）	450 公克	15%

製程

- 攪拌（攪拌完的麵團溫度為 24℃）。
- 基本發酵需 12 ～ 15 小時。
- 發酵室溫為 20℃。

主麵團材料

中種麵團	全量	
黃駱駝高筋麵粉	1600 公克	53.3%
熟胚芽粉	40 公克	1.3%
水	1070 公克	35.6%
甘蔗糖蜜	30 公克	1%
鹽	36 公克	1.2%
新鮮酵母	45 公克	1.5%
核桃	350 公克	11.6%
桂圓乾	700 公克	23.3%
紅酒	110 公克	3.6%

（桂圓乾需先用紅酒浸泡 12 小時備用）

製程

- 攪拌（攪拌完的麵團溫度為 26℃）。
- 第一次基本發酵 60 分鐘。
- 分割。
- 中間發酵 60 分鐘。
- 整形。
- 最後發酵 60 分鐘。
- 烤焙。

做法

1. 中種麵團攪拌

將高筋麵粉、魯邦種老麵、紅酒、葡萄菌水倒入攪拌機。

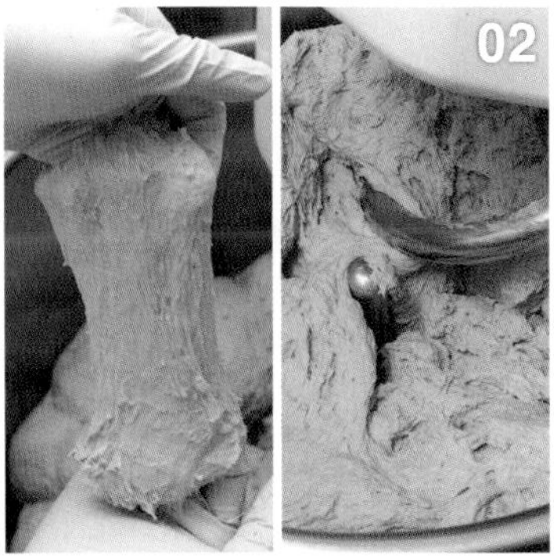

慢速攪拌 4 分鐘，再快速攪拌 1 分鐘，直到看不到粉狀麵粉，麵團溫度為 24℃。

做法

2. 中種麵團基本發酵

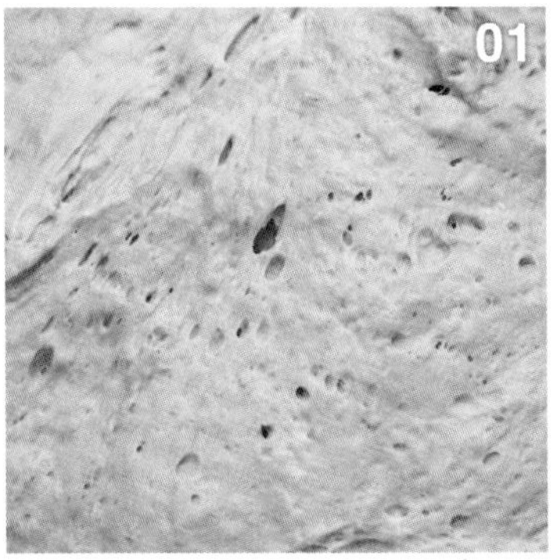

發酵箱溫度控制在 20℃、濕度 60%，將麵團放置發酵箱 12 ～ 15 小時。

做 法

1. 主麵團攪拌

完成發酵的中種麵團和高筋麵粉、熟胚芽粉、甘蔗糖蜜、鹽、水一起放入攪拌機。

慢速攪拌 2 分鐘，立即加入新鮮酵母後，持續慢速攪拌 4 分鐘。

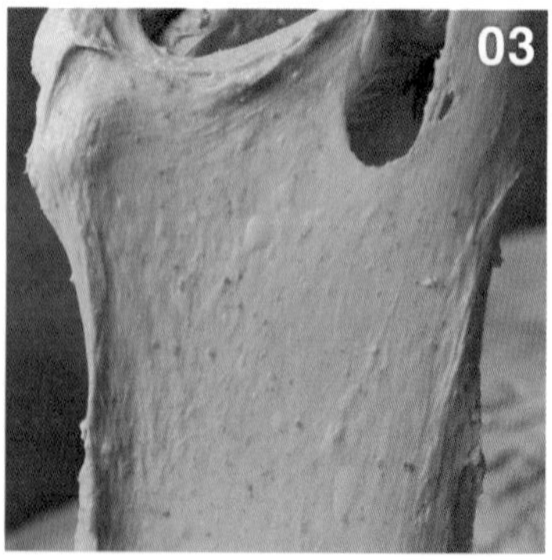

再快速攪拌 1 分鐘。

加入桂圓乾、核桃後，再慢速攪拌 1 分鐘，確認果乾和麵團完全拌勻。麵團溫度為 26℃。

做 法

2. 主麵團發酵

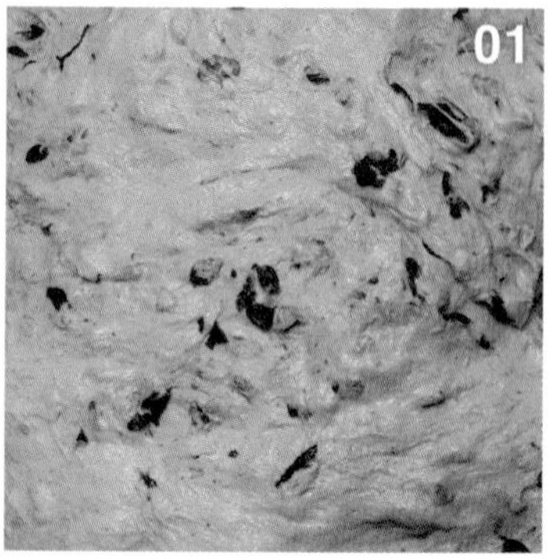

第一次基本發酵：發酵 60 分鐘。

做法
3. 主麵團分割

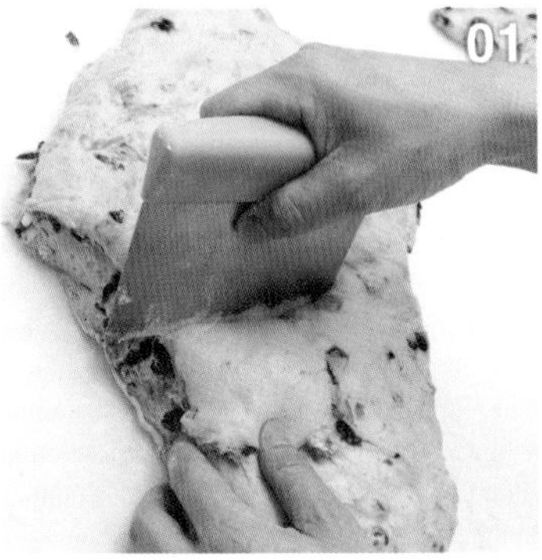

將主麵團做分割， 每塊為 1 公斤重。

中間發酵：分割後的麵團再發酵 60 分鐘。

做法
4. 主麵團整形

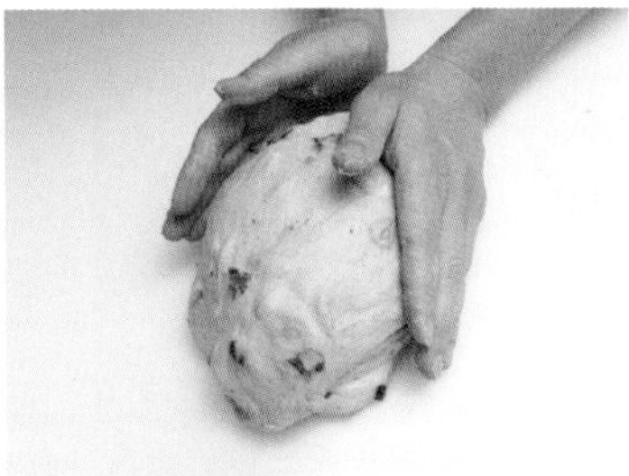

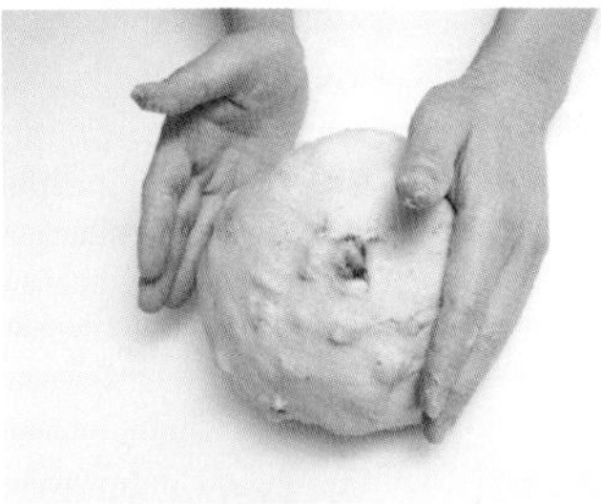

以手掌包住麵團，輕輕滾圓。放入發酵箱中進行最後發酵 60 分鐘。

做法
5. 主麵團烤焙

將鐵模 LOGO 置於麵團上，灑上麵粉。

用劃刀在麵團四角輕劃四刀。開啟烤箱蒸氣 5 秒，將麵團送入烤箱，以上火 195℃、下火 195℃烤 38 分鐘。

充滿情感與溫度的酒釀桂圓麵包。

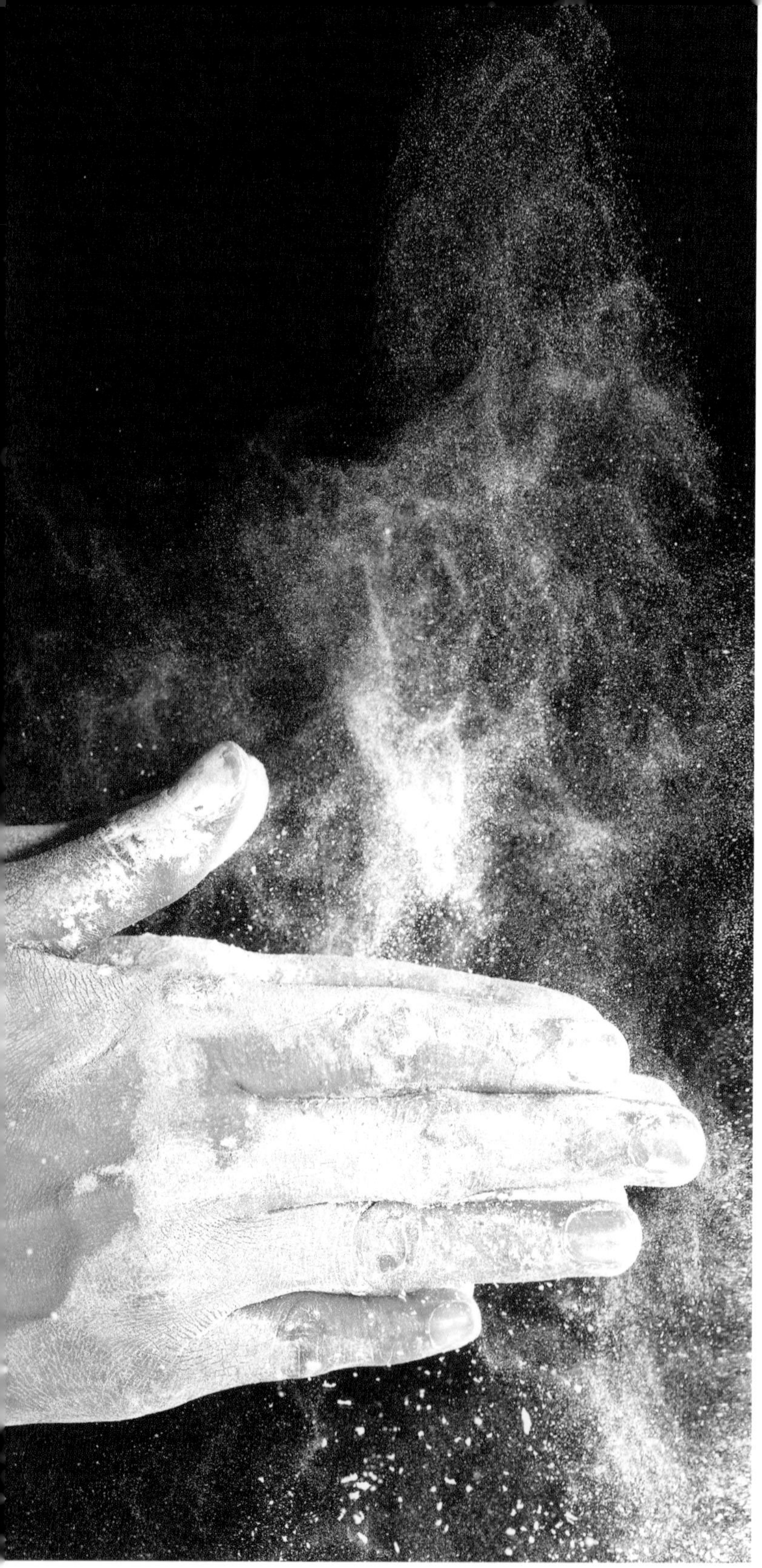

老麵的製作方式

老麵是發酵種之一，麵粉加水揉和成的麵團中，不是加酵母而是加入野生天然酵母或是乳酸菌，讓它自然發酵完成。這是麵包師傅的魔法調料，每個人都可嘗試混合不同種類的酵母菌和乳酸菌。像我養的老麵就有五、六種，菌種有用葡萄乾、小麥、裸麥等做各種的嘗試。

我曾經在法國的旅館浴室裡，為了控制養老麵的溫度，把浴缸放滿熱水來調節室溫，細心呵護老麵的程度，就像照顧新生兒一樣仔細。而加入老麵製作的麵包風味，散發出微量的酸味與甘甜，口感非常迷人又特殊。我的兩款冠軍麵包，都是用魯邦種的老麵來製作的，魯邦種是葡萄乾菌種和小麥混合培養出來的，不過風味會因人培養的比例不同而口味略為不同，這就是老麵的迷人之處。

燙麵

材料

黃駱駝高筋麵粉 …………… 900 公克
在來米粉 …………………… 100 公克
砂糖 ………………………… 100 公克
鹽 ……………………………… 5 公克
水 ………………………… 1500 公克

做法

將高筋麵粉、在來米粉、砂糖、鹽等材料混合均勻後，倒入攪拌機，並加入煮滾的水。先慢速攪拌 1 分鐘後，再快速攪拌 1 分鐘。

在室溫中冷卻後，先置於冰箱冷藏，隔日才能使用。

寶春師傅叮嚀

燙麵是讓「湯種麵包」擁有 Q 彈口感的武器。

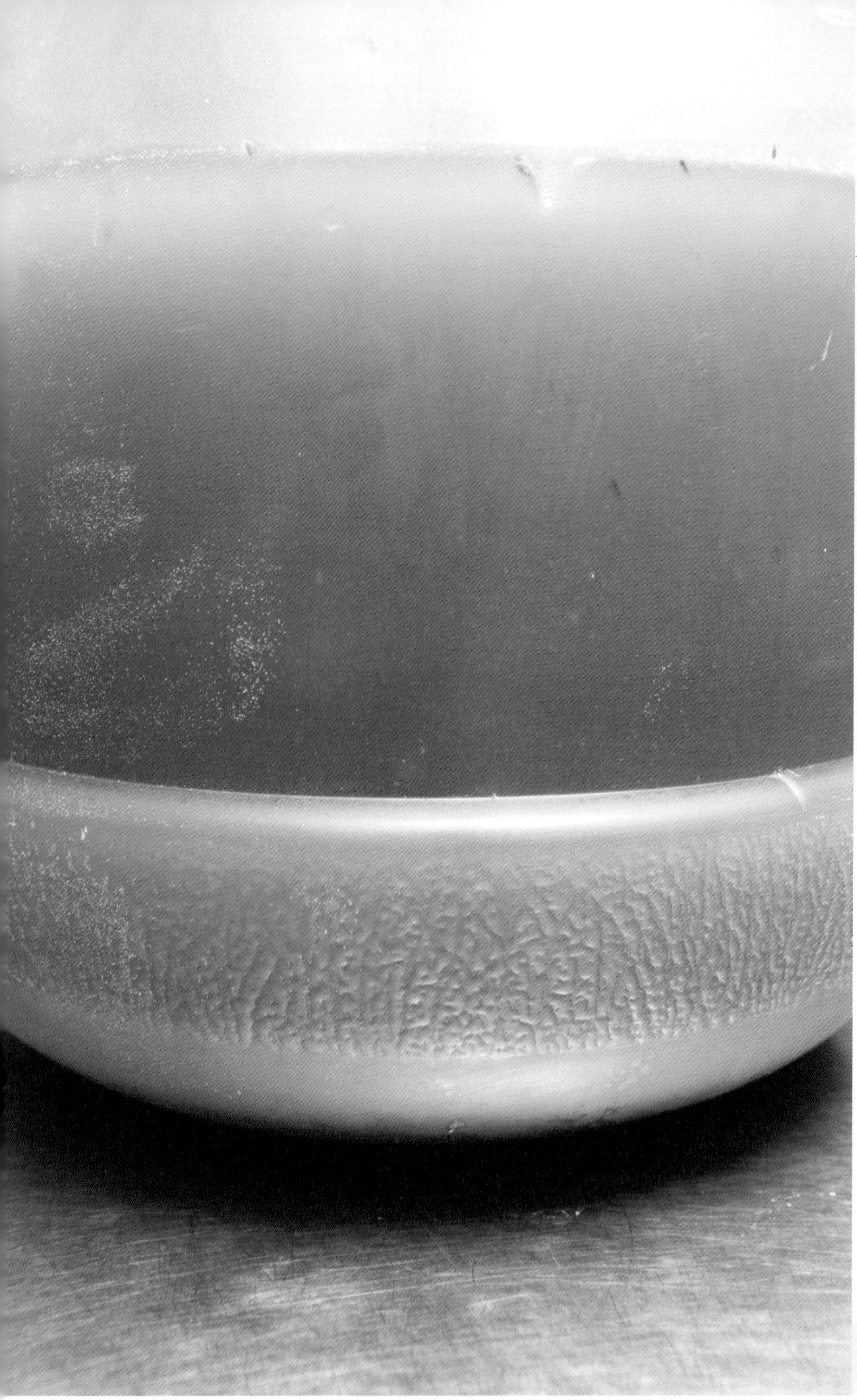

葡萄菌水

材料

砂糖 …………………………… 250 公克
葡萄乾 ………………………… 500 公克
水 …………………………… 1000 公克
麥芽精 ………………………… 1 公克

做法

將水煮沸後，降溫至 30℃。把砂糖、葡萄乾、麥芽精等材料倒入水中攪拌。

材料拌勻後以保鮮膜封蓋，但保鮮膜上需戳洞，讓葡萄菌呼吸。放置在 28℃的室溫下，培養一週，每日早晚各搖晃一次，讓水與葡萄菌種混合，確保葡萄菌種吸收到養分。

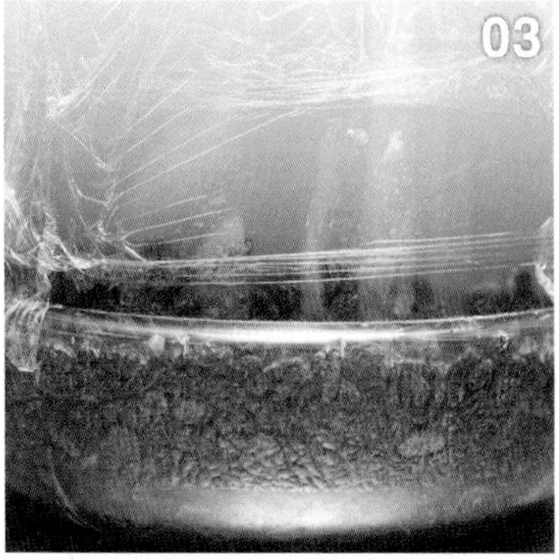

第 1 天的葡萄菌。

第 7 天的葡萄菌。培養滿 168 小時之後，立刻將葡萄菌水倒出使用。未使用完的葡萄菌水，要放入 5℃冷藏保存，七天內使用完。剩餘的葡萄乾渣，可做為有機肥使用。

寶春師傅叮嚀

葡萄乾中的葡萄菌就像是「小貝比」一樣脆弱，所以培養的過程要小心翼翼，全程都要保護小貝比不受汙染，不僅所有器皿都要消毒，操作時也要戴上手套，不要讓其他菌種影響了葡萄菌的發育。

星野酵母生種

材料

紅色星野酵母粉 ··············· 500 公克
水（30℃） ····················· 1000 公克

做法

以鋼盆盛好水，將紅色星野酵母粉緩緩倒入水中，注意水不要注入太快，以免酵母粉結塊。邊攪拌邊測量酵母溫度，確定攪拌完成溫度為 28℃。

送入發酵箱中，保持溫度 28℃，發酵 20 小時。

第一天的星野酵母生種。

發酵 20 小時完成後，未使用完的生種可冷藏存放，請務必在三天內使用完畢。

法國老麵起種

材料

鳥越鐵塔麵粉 …………… 1000 公克
星野酵母生種 ……………… 100 公克
(做法見 P208)
鹽 …………………………… 20 公克
水 ………………………… 1000 公克

做法

將鹽倒入鋼盆。並取另一盆，將水注入星野酵母生種。

將拌水的星野酵母生種倒入鹽中，攪拌均勻。

倒入麵粉，以順時鐘方向攪拌均勻。攪拌完成後的麵團溫度為 30℃。

放入發酵箱內，在 30℃溫度中，發酵 6 小時後，放入冷藏，可保存 3 天。

魯邦種老麵

寶春師傅叮嚀

1. 魯邦種老麵是需要培養的，而且要養五天以上才可以使用。酵母在起種時量比較少，要愈養才會愈有活力。酵母量足夠，做出來的麵包才會好吃。
2. 使用魯邦種老麵時，記得不要一次就用完，保留部分的原種一直續養，就可以長久使用了。

做法

1. 攪拌

第一天，取高筋麵粉 500 公克與葡萄菌水 500 公克攪拌均勻，攪拌後的麵團溫度為 24℃，在室溫靜置 2 小時後，放入 5℃的冷藏室 12 小時。

第二天，取第一天原種 1000 公克加入 500 公克的高筋麵粉，以及 500 公克的水攪拌均勻，攪拌完的麵團溫度為 24℃。在室溫靜置 1 小時後，放入 5℃的冷藏室 12 小時。往後的幾天，都比照第二天的量及做法，唯獨麵團應為 26℃，養到第五天，即可開始使用。此魯邦種老麵可以按第五天的製程方式一直續養下去。

環境

室內溫度 26-28℃

材料

黃駱駝高筋麵粉
葡萄菌水（做法見 P206）
水

製程

第一天
- 高筋麵粉 ………… 500 公克
- 葡萄菌水 ………… 500 公克
- 麵團 24℃靜置 2 小時
- ↓
- 放入 5℃冷藏 12 小時

第二天
- 取第一天的原種 … 1000公克
- 高筋麵粉 ………… 500 公克
- 水 …………………… 500 公克
- 麵團 24℃靜置 1 小時
- ↓
- 放入 5℃冷藏 12 小時

第三天
- 取第二天的原種 … 1000公克
- 高筋麵粉 ………… 500 公克
- 水 …………………… 500 公克
- 麵團 26℃靜置 1 小時
- ↓
- 放入 5℃冷藏 12 小時

第四天
- 取第三天的原種 … 1000公克
- 高筋麵粉 ………… 500 公克
- 水 …………………… 500 公克
- 麵團 26℃靜置 1 小時
- ↓
- 放入 5℃冷藏 12 小時

第五天
- 取第四天的原種 … 1000公克
- 高筋麵粉 ………… 500 公克
- 水 …………………… 500 公克
- 麵團 26℃靜置 1 小時
- ↓
- 放入 5℃冷藏 12 小時

麵包的餡料

加餡麵包，是麵包師傅走上創造之路最困難的一道關卡，它不只考驗做麵包的功力，還考驗對食材的素養；它不是「1+1=2」的算數，而是要創造出「1+1=100」的藝術，讓兩種食物合而為一，又能碰撞出無限的新意。

它就像作媒一般，把兩個好的人撮合在一塊兒，不一定成就一段好的姻緣；作媒要功德圓滿，要能找到兩個合適的人配對才行。確實，替麵包找內餡，就是這麼複雜的工作。要不厭其煩尋覓、嘗試、排列組合，不只是麵團的風味和內餡食材是否對味而已，甚至麵團大小、食材餡料的多寡，只要差一點點，就可能不到位。

當我有創造新產品的靈感時，首先會想到，「這款麵包要給誰吃？」先把目標族群鎖定，然後才能決定口感要軟還是硬、內餡該甜還是淡、需要飽滿還是淺止，譬如給孩子吃的麵包，適合軟一些；給女性吃的麵包，就不能太膩口。然後，我會將組合的麵團和內餡，分別分成大、中、小，展開配對組合，不斷進行試吃，直到試吃的人願意「一口接一口」，一旦讓人吃得順口，才表示配對成功。

以我近年創作的「芒果貝果」為例，起初只是緣於一個「台灣芒果真是好吃，我一定要為它設計一款麵包」的單純念頭。接著要克服水果保存、還原的技術；然後又是一連串的麵包配對、試吃，歷經大約半年的時間，才完成創作。

首先，芒果一年一產，若要變成產品，必須先解決供需的問題，於是想到將芒果烘成果乾，如此產品生產後便不受季節限制。然而，芒果烘成果乾後，又出現新的問題，即口感變硬，直接使用在麵包上，烤焙後會更硬、更乾，失去香氣。所以還必須把果乾的風味「還原」。

幾年前去法國比賽時，觀察到他們用無花果乾做麵包，會先以紅酒浸泡，於是先依樣畫葫蘆仿照；不料，芒果香氣強烈、紅酒個性濃郁，結果兩個味道強碰強，反而呈現不出芒果原本的風味。後來換用白酒，試了後發現，白酒的清香才能烘托出芒果的果香，於是，白酒雀屏中選。

芒果的內餡定調了。更大的工程是，為它尋找完美的「另一半」。

我為它找的第一個伴侶是法國麵包。法國麵包是我很喜歡的麵團，是世界主流麵包，搭上我們台灣水果天后，原想應是天作之合。實際撮合之後，和理想中完全不同，法國麵包是鹼性，芒果也是鹼性水果，無法互補、中和，芒果把法國麵包的麥香壓下去，兩者完全不來電。

直到有一回，我到日本考察，看到一家熱門的貝果小店，開發了無數包餡的貝果，給了我新的刺激。返台後開始嘗試增加貝果系列，也選擇讓我心愛的芒果餡料和貝果進行配對。

一開始擔心餡料太多、爆漿，只在內餡塗了一點點，結果完全沒有香氣；最後想到，兼具口感和香氣，又不致內餡爆破，由芒果泥再加上浸酒後的芒果乾丁提味，果然試出好味道，現在是店裡最受歡迎的產品之一。我心裡還真是有種促成一對佳偶的欣慰和驕傲。

不斷尋求突破、創作出美味麵包，是全世界烘焙師傅自我砥礪的目標。我曾聽說，日本一個麵包師傅，為了做出心中最美味的咖哩麵包，尋遍了國內外各式洋蔥，最後試了七種品種的洋蔥，不斷試吃、ＰＫ、評比，才創造出他理想的咖哩麵包。我們都知道，即使經歷一千次只能獨飲的失敗苦酒，只要有一次的成功，就可能成就一款能傳世的味道。

奶酥餡

材料

全脂奶粉 ·························· 360 公克
糖粉 ································ 135 公克
全蛋液 ····························· 150 公克
無鹽奶油 ·························· 270 公克

做法

01

將糖粉和無鹽奶油倒入攪拌機，開始攪拌。

02

攪拌均勻後，將全蛋液慢慢、分次加入，持續攪拌。

03

為了烤出細緻的奶酥，無鹽奶油、全蛋液必須完全融合。

04

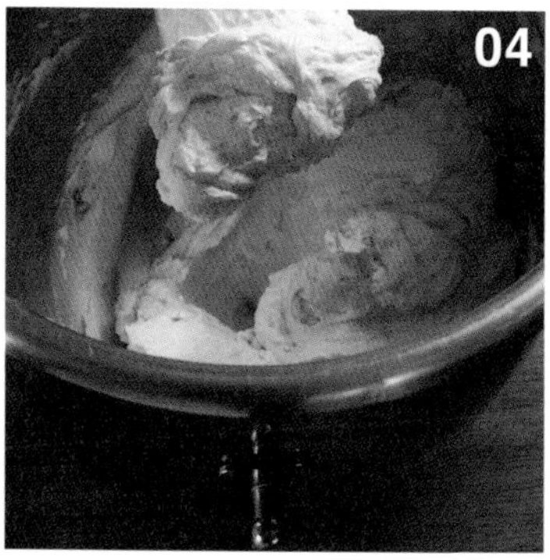

緊接著倒入全脂奶粉，此時要改用手攪拌。當表面呈現光滑的麵糊狀即完成。

寶春師傅叮嚀

製作奶酥餡時，訣竅在於蛋汁的融合度，因此製作時溫度不能太低，要保持在 28℃，才能讓油水不致於分離。

菠蘿皮餡

材料

全脂奶粉 ························ 45 公克
糖粉 ······························ 240 公克
全蛋液 ··························· 150 公克
無鹽奶油 ························ 270 公克

做法

將糖粉和無鹽奶油倒入攪拌機，開始攪拌。

攪拌均勻後，將全蛋液慢慢、分次加入，持續攪拌，無鹽奶油、全蛋液必須完全融合。

緊接著倒入全脂奶粉，此時改用橡皮刮刀攪拌均勻。

明太子餡

材料

無鹽奶油 ························ 327 公克
明太子醬 ························ 300 公克
檸檬汁 ·························· 16 公克
日式山葵沙拉醬 ··············· 81 公克
美乃滋 ·························· 81 公克

做法

將無鹽奶油、明太子醬、檸檬汁、日式山葵沙拉醬、美乃滋混合，攪拌均勻即可。

寶春師傅叮嚀

加檸檬汁可以去除腥味；微微辛辣的山葵沙拉醬則具提味作用，讓明太子味道更跳出；無鹽奶油則可讓醬料更滑順，口感不致太鹹。

克林姆餡

材料

鮮奶 ………………………… 1000 公克
砂糖 ………………………… 320 公克
動物性鮮奶油 ……………… 256 公克
低筋麵粉 …………………… 76 公克
玉米粉 ……………………… 64 公克
無鹽奶油 …………………… 32 公克
全蛋 ………………………… 384 公克

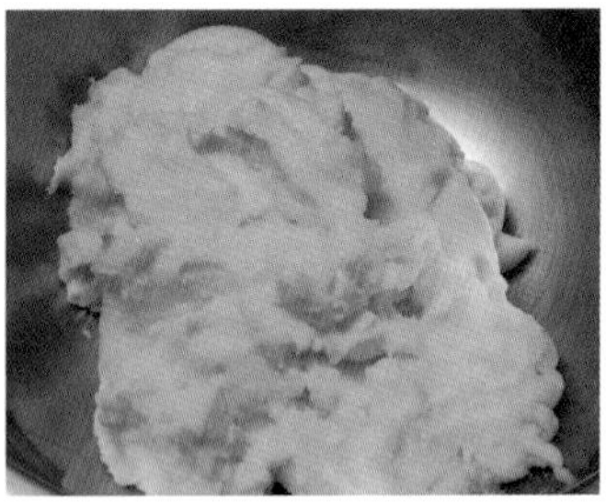

做法

將鮮奶及動物性鮮奶油以中火加熱煮滾，再加入一半分量的砂糖及一半分量的無鹽奶油，攪拌均勻。

另取一鍋，將全蛋及另一半砂糖打勻，加入過篩後的低筋麵粉和玉米粉，一起攪拌。

先將做法 01 煮過的鮮奶一半分量，倒進做法 02 的麵團內拌勻，再將剩餘一半的鮮奶倒入，繼續攪拌。

將拌勻後的麵糊過篩，把未拌勻的顆粒粉和蛋膜一起過篩，確保最後克林姆餡的成品細緻滑順。

寶春師傅叮嚀

當克林姆餡煮好後，必須極速冷卻，放入冷藏庫保存，因為在常溫下很容易滋生細菌。

將做法 04 的麵糊邊加熱，邊快速攪拌至起泡。

加入另一半分量的無鹽奶油拌勻。

以冰塊隔水急速將上述麵糊冷卻至常溫，再放入冷藏庫保存。

芒果泥

材料

芒果乾 ………………………… 200 公克
白酒 ………………………… 100 公克

做法

將白酒與芒果乾以 1：2 的比例，浸泡 3 天。

把浸酒後的芒果乾，放入果汁機打成泥。

半乾香蕉丁

材料

半乾香蕉丁 ······················ 100 公克
白酒 ································ 10 公克

做法

01 將白酒與半乾香蕉丁以 1：10 的比例，浸泡 12 小時。

杏仁泥

材料

糖粉	100 公克
無鹽奶油	260 公克
全蛋液	100 公克
杏仁粉	360 公克

做法

將糖粉、無鹽奶油、全蛋液、杏仁粉等所有材料，放入鋼盆內攪拌均勻即可。

南瓜泥

材料

南瓜 ………………………… 1000 公克
砂糖 ………………………… 80 公克
蛋黃 ………………………… 55 公克
動物性鮮奶油 ………………… 50 公克
奶油乳酪起司(Cream Cheese)…80公克

做法

將南瓜和砂糖放入烤盤上，攪拌均勻。為了避免南瓜烤焦，再以另一烤盤加蓋後，送入烤箱以上火 200℃、下火 200℃烤 20 分鐘左右至熟。

將烤好的南瓜加入蛋黃、奶油乳酪起司、動物性鮮奶油後攪拌。

將做法 02 的餡料送入烤箱，以上火 180℃、下火 180℃，烤到湯汁收乾即成。

白醬

材料

黃駱駝高筋麵粉 ··············· 100 公克
伊思妮奶油 ······················ 100 公克
伊思妮鮮奶油 ·················· 100公克
鮮奶 ··························· 1000 公克
白胡椒粉 ························· 0.1 公克
鹽 ································· 6 公克

做法

將伊思妮鮮奶油、鮮奶混合，加熱煮至沸騰後，加入鹽、白胡椒粉。

另起一鍋盛伊思妮奶油，小火融化後，加入麵粉，慢慢攪拌成麵糊。

將煮沸並完成調味的鮮奶（做法 01），分兩次，慢慢倒入麵糊（做法 02）中攪拌均勻。攪拌完成的白醬，冷卻後放入冷藏 5℃至隔天凝固才能使用。

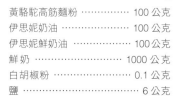

奶油餡

材料

無鹽奶油 ······················ 1000 公克
煉奶 ···························· 500 公克
砂糖 ···························· 250 公克

做法

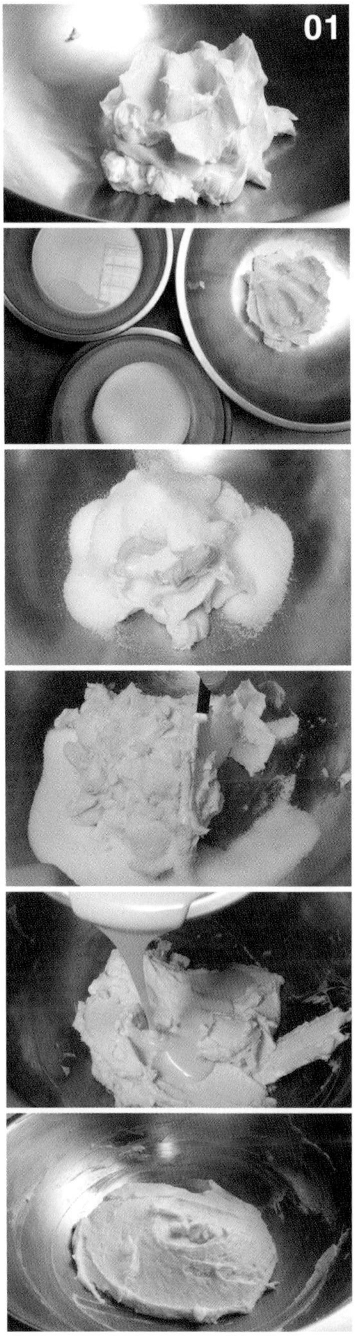

無鹽奶油與砂糖一同拌勻，再加入煉奶拌勻。

半乾番茄

材料

聖女小番茄 ………………… 1000 公克
橄欖油 ……………………………… 7 公克
鹽 …………………………………… 1 公克

做法

聖女小番茄淋上橄欖油及鹽。

烤箱預熱至 100℃，關掉爐火，以餘溫烤 8 小時，若收乾程度未達理想，重複前面預熱關火動作（烤乾程度依各人所需）。

蔥花餡

材料

蛋白液	200 公克
橄欖油	200 公克
鹽	12 公克
白胡椒粉	4 公克
蔥花	1350 公克

做法

01

將蛋白液、橄欖油、鹽、白胡椒粉混合均勻。

02

加入蔥花中拌勻，即可使用。

「怎樣吃出麵包的最佳風味」

如果麵包沒辦法當天吃完，該怎麼辦呢？針對不同的麵包，以下提供幾個方法，就可以延續麵包的美味。

冠軍麵包、歐式麵包及貝果

一、**保存**（一）新鮮食用：出爐後置於常溫下，兩天內皆可食用。

（二）冷凍儲存：兩天後未食用完畢，放入冷凍庫儲藏。

（三）保存方法：先將麵包切成每次會食用的大小，逐塊以密封包裝，再置入冷凍庫。

二、**回烤**（一）回溫：由冷凍庫取出所需食用的麵包份量，放置室溫下三十分鐘，讓麵包回溫。

（二）加熱：1.烤箱烘培法：(1)將烤箱以一百五十度預熱五分鐘。

(2)以適量的水噴灑麵包外皮（勿噴到麵包體）。

(3)放入烤箱以一百八十度微烤即可食用。

2.電鍋蒸煮法：(1)將廚房紙巾噴濕後，鋪在電鍋底部。

(2)將麵包以盤子裝盛，放入電鍋。

(3)按下電鍋開關，約三分鐘開關跳起，即可食用。

台式甜麵包

這款麵包因多有包內餡、含水量較高，冰凍回存後內餡水分易溶出附著在麵包體，讓麵包失去原味。建議常溫下最多保存二十四小時，趁新鮮食用完畢。

吐司

由於切片後會迅速乾燥裂化，最好是以密封麵包袋包好，再放入冷凍庫保存。

（一）回溫：由冷凍庫取出，常溫退冰。

（二）加熱：1.短時間加熱麵包，可以讓麵包保有酥鬆的外皮和鬆軟的內層，所以記得要用預熱好的烤麵包機回烤。
2.回烤後可以直接食用，或抹奶油、果醬搭配。

寶春師傅叮嚀

晚上煮飯時，也可以等飯煮熟後，將已回溫的麵包置於米飯上，約3分鐘後取出，即可食用。這是一兼二顧的省電麵包加熱法。

國家圖書館出版品預行編目(CIP)資料

吳寶春的麵包祕笈：27年功夫.34道麵包食譜大公開/吳寶春著；楊惠君, 黃曉玫文字整理. -- 二版. -- 臺北市：遠流出版事業股份有限公司, 2022.06
面；　公分
ISBN 978-957-32-9492-4(平裝)

1.CST: 點心食譜 2.CST: 麵包

427.16　　111002980

吳寶春的麵包祕笈

27年功夫・34道麵包食譜大公開

作者｜吳寶春
文字整理｜楊惠君、黃曉玫
封面攝影｜林志陽
內頁攝影｜王永泰、王漢順（P2、5、6、12、14、39、83、128、152、199、212、213）
照片提供｜Shutterstock（P8、20、202）

資深副主編｜李麗玲
助理編輯｜江雯婷
企劃｜王紀友
封面暨內頁視覺規劃｜黃寶琴
出版一部總編輯暨總監｜王明雪

發行人｜王榮文
出版發行｜遠流出版事業股份有限公司
地址｜104005台北市中山北路一段11號13樓
電話｜02-2571-0297　傳真｜02-2571-0197
郵撥｜0189456-1
著作權顧問｜蕭雄淋律師
輸出印刷｜中原造像股份有限公司

2014年10月1日　初版一刷
2022年6月1日　二版一刷
定價 新台幣650元（平裝）
（缺頁或破損的書，請寄回更換）

ISBN｜978-957-32-9492-4（平裝）

遠流博識網
http://www.ylib.com　E-mail｜ylib@ylib.com
遠流粉絲團 https://www.facebook.com/ylibfans